蚯蚓大田养殖

蚯蚓树下养殖

蚯蚓露天堆养

蚯蚓简易大棚养殖

交 尾

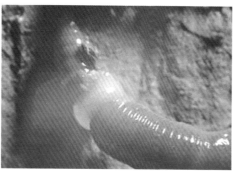

产茧 1

产茧 2

蚓 茧

孵 化

孵化出的幼蚓

2

各式国外家庭用蚯蚓养殖箱

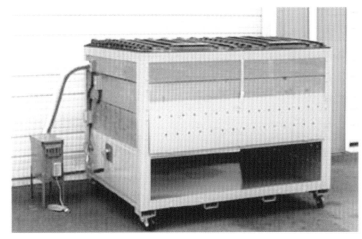

国外学校用中型蚯蚓反应器

国外用于处理餐馆垃圾的蚯蚓反应器

国外用于处理牛粪的大型蚯蚓反应器（美国）

国产大型蚯蚓反应器

国外蚯蚓养殖场的分离设备

蚯蚓高产养殖与综合利用

孙振钧 编著

金盾出版社

内 容 提 要

　　本书由中国农业大学孙振钧教授编著。内容包括：国内外蚯蚓人工养殖概况、蚯蚓养殖的意义、蚯蚓养殖的主要种类、蚯蚓的生物学和生态学特性、蚯蚓生长繁殖对生态环境的要求、蚯蚓饲料调配技术、蚯蚓规模化养殖技术、蚯蚓高密度养殖技术、蚯蚓病害与敌害防治、蚯蚓采收与加工、蚯蚓粪的利用、蚯蚓养殖综合效益分析、蚯蚓生物反应器与生物有机肥工程、蚯蚓产业与可持续发展。内容丰富，技术先进，语言通俗易懂，适合蚯蚓养殖专业户以及畜牧、水产、饲料、食品、环保工作者阅读使用。

图书在版编目(CIP)数据

　　蚯蚓高产养殖与综合利用/孙振钧编著. — 北京 ：金盾出版社,2013.1(2020.4 重印)
　　ISBN 978-7-5082-7566-6

　　Ⅰ. ①蚯… Ⅱ. ①孙… Ⅲ. ①蚯蚓—饲养管理②蚯蚓—综合利用 Ⅳ. ①S899.8

　　中国版本图书馆 CIP 数据核字(2012)第 083520 号

金盾出版社出版、总发行
北京市太平路 5 号(地铁万寿路站往南)
邮政编码:100036 电话:68214039 83219215
传真:68276683 网址:www.jdcbs.cn
北京天宇星印刷厂印刷、装订
各地新华书店经销
开本:850×1168 1/32 印张:4.125 彩页:4 字数:96 千字
2020 年 4 月第 1 版第 7 次印刷
印数:24 001～25 500 册 定价:14.00 元

目　录

目　录

一、国内外蚯蚓人工养殖概况

（一）国外蚯蚓人工养殖概况

目前,蚯蚓养殖业在国外蓬勃兴起。日本、美国、澳大利亚、加拿大、印度、缅甸、菲律宾、新加坡等国,养殖蚯蚓的规模都较大,有的国家已发展到工厂化养殖和商品化生产。在美国有不少人靠养蚯蚓起家。休·卡特从第二次世界大战后开始,利用一口废棺材养殖蚯蚓,经过 20 多年,发展到每年销售 1 500 万美元的蚯蚓。美国鱼饵业协会主席罗纳德·盖迪从 1967 年起,用 20 美元的资金养殖蚯蚓,10 年后发展到拥有 30 多名推销员的规模。近年来,美国的蚯蚓养殖业发展很快,规模较大的有 50 多家。加利福尼亚州某公司养殖 5 亿条蚯蚓,一天可处理 200 吨工业有机废料,消除环境污染,化废为肥。洛杉矶市蚯蚓养殖场饲养 100 万条蚯蚓处理城市垃圾,不到 1 个月吃掉 7.5 吨垃圾,产生的蚯蚓粪是一种优质有机肥料。目前美国有 9 万个蚯蚓养殖场在养殖和出售蚯蚓,成千上万个家庭利用蚯蚓改良土壤,分解废弃物。美国出售红蚯蚓($Lumbricus\ spp.$)或肥料蚯蚓($Eisenia\ fetida$)给家庭养殖者,一个 1.5 米×1.5 米×0.3 米的箱子养 2 万条蚯蚓,可以解决一家四口人的废弃物处理。

加拿大的蚯蚓养殖者利用蚯蚓处理垃圾,同时获得大量蚯蚓粪,掺入泥炭后远销国外,做园圃和温室花卉和蔬菜栽培之用。

日本静冈县 1977 年成立蚯蚓繁殖协会,在 1978 年建成 1.65 万米^2 的蚯蚓工厂,每月可处理有机废料 3 000 吨,全国还增设 7 个蚯蚓工厂,生产蚯蚓饲料添加剂,以满足人工养殖蚯蚓的需要。

日本水产厅濑户内海栽培渔业中心主任、研究员前田古颜,收集世界各地的蚯蚓,经过 2 000 次的杂交试验,选育出适于人工养殖的"大平 2 号"蚯蚓。改良后的蚯蚓体长从 5～6 厘米增至 15 厘米,增殖倍数千倍,寿命约 3 年;而自然生长的蚯蚓平均增殖倍数为 50～150,寿命为 8 个月到 1 年半。日本兵库县蚯蚓工厂养殖 10 亿条蚯蚓,每年可处理食品厂、纤维加工厂 6 万吨污泥,1975 年增设 1 300 平方米的蚯蚓繁殖基地,放养蚯蚓 40 万条,1976 年增至 3 500 万条,可见繁殖率之高。日本北海道蚯蚓养殖公司曾向我国天津出口 50 万条"北星 2 号"蚯蚓。日本造纸工业向美国订购 125 吨蚯蚓,利用蚯蚓处理造纸厂废渣,化废为肥,当年就收回购买蚯蚓的投资。日本东京农业大学从事蚯蚓改良土壤的研究。日本有大小蚯蚓养殖工厂或公司 200 多家,其中以九州和北海道最为发达。从事蚯蚓养殖的人数达 2 000 余人,全国建立了蚯蚓协会。

此外,缅甸、菲律宾、新加坡、马来西亚、印度等国也在积极发展蚯蚓人工养殖,这已成为一项全球性的产业。国际上蚯蚓贸易年交易额达 10 亿美元,且每年以 30%～40% 的速度增长。

(二)国内蚯蚓人工养殖概况

在 20 世纪 70 年代末,国内多个省市从国外引进蚯蚓,其中上海市从日本引进红蚯蚓"大平 2 号"、天津市从日本引进红蚯蚓"北星 2 号",安徽、广西桂林也相继从日本引进蚯蚓。北京、吉林、江苏、浙江、河北、山东、福建、广东、湖南、湖北、云南、四川、江西等地也相继开展了人工养殖蚯蚓的研究,形成了我国第一次"蚯蚓养殖热"。

天津市 1979 年 5 月份从日本引进"北星 2 号"蚯蚓 50 万条,发展速度很快,1 年多以后就为全国各地提供了人工养殖蚯蚓的蚓种,并利用蚯蚓作为蛋白质饲料。吉林省生物研究所 1979 年 7月份开展人工养殖蚯蚓试验,养殖 10 000 条长春蚯蚓,进行分类,从中筛选良种。中国农业科学院土壤肥料研究所养殖德州蚯蚓、北京环毛蚓和爱胜蚓,利用蚯蚓造肥和改土、处理城市有机废弃物试验。上海水产研究所与上海自然博物馆和海安县饲料公司协作,养殖爱胜蚓和环毛蚓,获得成功,同时利用蚯蚓喂家畜家禽,获得良好效果;上海金山县科委引进"大平 2 号"蚯蚓,安排了 22 个蚯蚓养殖实验点,1980 年在全县扩大实验。江苏镇江市乳品厂也从上海引进日本"大平 2 号"蚯蚓,并培养了本地适应性强的品种——背暗异唇蚓、赤子爱胜蚓、湖北环毛蚓、威廉环毛蚓。河北省易县食品公司和河北省畜牧兽医研究所协作,进行人工养殖异唇蚓,并获成功。西北水土保持生物研究所研究人员开展了蚯蚓对土壤肥力和土壤结构影响的研究,试验结果表明,蚯蚓的活动可加速土壤结构的形成,促进土壤相融和有机质的转化,提高植物营养并提高土壤微生物活性,最终提高土壤肥力和农作物的产量。此外,还有湖北省黄梅县人工养殖红蚯蚓和青蚯蚓也获得成功,并进行了冬繁试验。北京教育学院开展了北京郊区蚯蚓的调查工作,发现北京地区的蚯蚓种类繁多,主要的品种有十多种。广西壮族自治区从天津引进"北星 2 号"种蚓,繁殖了数十万条,在全自治区试验推广。江西省农科院土壤肥料研究所从日本农机公司引进"大平 2 号"种蚓,探索利用蚯蚓改良土壤的试验。

我国台湾省气候温和,雨水充沛,适于蚯蚓的生长繁殖,蚯蚓资源十分丰富,人工养殖蚯蚓工厂有 30 多家。日本、美国、新加坡、马来西亚都向台湾省订购蚯蚓,每吨活蚓价格约为 10 000 美元,另据报导,台湾省出口中东各国的蚯蚓达 120 吨。台湾大学和中兴大学协作,利用蚯蚓改良梯田试验,并用蚯蚓喂鸭和青蛙试验,效果良好。台湾彰化红蚯蚓养殖专家钟信男,利用红蚯蚓处理垃圾,生产有机肥料,解决了城市垃圾环境污染问题。

　　总体来看,我国蚯蚓养殖起步并不晚,并且从一开始发展就极为受到重视。1980 年,由农业部、粮食部等单位在上海召开了全国人工养殖蚯蚓经验交流会。之后,一时全国有 27 个省、市、自治区 200 多个单位引种养殖,出现了第一次"蚯蚓养殖热"。然而,由于养殖技术,尤其是适合我国国情的高产养殖技术及配套的综合利用技术不完善,养殖周期长,采收加工利用繁琐,导致经济效益不高,到 1984 年,所有的养殖场几乎都下马。究其原因,主要是"热"于炒种,缺乏有效的利用方法,养出的蚯蚓没有销路,严重地影响了农民养殖蚯蚓的积极性。近年来,由于蚯蚓药用的规范化开发,以及蚯蚓在生态农业中的广泛应用和规模化高产养殖技术的成熟,又重新唤起了新一轮的全国蚯蚓养殖热。利用蚯蚓处理有机废弃物(包括生活垃圾),是废弃物资源化的有效途径,也是环保产业的一个新热点。有关单位及部门应该加以科学引导,使之健康持续地发展。

二、蚯蚓养殖的意义

(一)改良土壤

达尔文曾说过:"犁是人类最古老而又最有价值的发明物之一,可是,远在人类出现以前,土地早已被蚯蚓耕耘过了"。所以,现在有的人叫它"活犁耙"或"生物犁",这是对蚯蚓恰如其分的评价。

对于蚯蚓改良土壤的研究工作,国内外已有不少人做过。达尔文曾经推论:如果每英亩(约 4 046.9 米²)地里有 5 万条蚯蚓,预计它们每年可以排出 7.68~18.41 吨的粪便,如果将其平铺在地面上,那么经过 10 年就可以铺上一层厚 2.54~3.81 厘米的蚯蚓粪。

在我国,濮墒教授最早研究蚯蚓肠的消化作用和对于土壤化学性质的影响,她认为:通过蚯蚓的消化道以后,蚯蚓吞入的土壤(称为母土)变成有效磷、有效钾、总氮量、含钙率和氨氮率均高的粪土排出来,而这些物质对农作物的生长是有利的(表 2-1)。

表 2-1　母土与粪土内各种物质含量的比较

项　目	有效磷 (%)	有效钾 (%)	钙 (%)	总　氮 (%)	氨　氮 (%)	有机物 (%)
母　土	37.31	0.0193	1.9537	0.0540	0.0033	1.2033
蚓　粪	53.85	0.0294	2.3683	0.1506	0.0049	1.5213

近年有人进行了蚯蚓对土壤结构形成的速度、形态和微结构

影响的观测研究及蚯蚓团聚体的性质和有机无机复合体的电子显微观察,认为蚯蚓具有较高的水稳定性以及优良的供肥、保肥能力,称之为"微型的改土车间"。

还有人做过实验,在有蚓粪的土壤中种植豌豆、油菜、黑麦、玉米、稞麦、马铃薯,可分别增产 3 倍、6.2 倍、0.6 倍、2.5 倍、1.64倍、1.35 倍。

由此可见,利用蚯蚓不仅能改变土壤的物理性质,还可以改变土壤的化学性质,使板结贫瘠土壤变成疏松多孔、通气透水、保墒肥沃,且能促进作物根系生长的高产土块。如此既可以免耕或少耕,又可以提高土壤肥力,从而节省劳力,节约能源和增加产量。

(二)生产新型动物性蛋白质饲料

近年来,世界各国因畜禽和水产养殖业发展很快,对于动物性蛋白质的需求也越来越大,目前有不少国家着手养殖蚯蚓,并进行开辟蛋白质饲料来源的研究。有的国家在这方面做了不少工作,取得了一定进展。

蚯蚓用作饲料在我国由来已久。民间很早以前就有用蚯蚓喂鱼、喂鸭的传统习惯。但大规模地人工养殖蚯蚓,将其作为优良蛋白质饲料,用以代替鱼粉、豆饼一类传统饲料而推广应用,则是近几十年来的事情。20 世纪 80 年代以来,随着人民生活水平的提高,居民的膳食结构发生了很大变化,对肉、蛋、奶、鱼、虾等的需求量越来越大,各种养殖业包括特种动物养殖业的迅速发展,对鱼粉、豆饼等各种动植物蛋白质饲料需求量日渐增大。然而由于环境污染,加上人类对鱼类资源的过度捕捞,鱼产量逐年下降,引起鱼粉等动物性蛋白质饲料严重不足,价格大幅度上升,而且供不应求。据估计,我国每年有 35%~40% 鱼粉需进口,严重影响了养殖业的发展,开发新的饲料蛋白源成为亟待解决的问题。特别在水产养殖业中,由于鱼粉用量大,养殖成本在成倍提高,致使许多养殖单位和个人亏损。开展蚯蚓综合养殖利用,是解决动物蛋白饲料来源缺乏的重要途径之一。

蚯蚓含有丰富的营养成分(表 2-2),其蛋白质含量稍低于秘鲁鱼粉,而高于国产鱼粉、饲料酵母、豆饼。蚯蚓的脂肪含量较高,每千克代谢能仅次于玉米,而高于秘鲁鱼粉、豆饼和饲料酵母。其他如灰分、钙、磷的含量也很高。蚯蚓粪营养价值也较高,除含氮、磷、钾、镁以外还含有钼、硼、锰等微量元素,完全可以用它代替部分麸皮。用于喂猪、鸡,能促进家畜(禽)的生长,有利于解决饲料不足,使饲料成本大幅度降低。

表 2-2　蚯蚓与常用饲料营养成分比较

饲料种类	水　分 (%)	粗蛋白质 (%)	粗脂肪 (%)	粗纤维 (%)	无氮浸出物 (%)	粗灰分 (%)	钙 (%)	磷 (%)	代谢能 (千焦/千克)
鲜蚯蚓*	83.36	9.74	2.11	—	3.71	1.03	0.15	0.31	—
鲜蚯蚓	84.20	11.02	1.89	—	—	3.4	0.22	0.65	—
风干蚯蚓*	7.37	56.44	7.04	1.58	17.98	8.29	0.94	1.10	12.21
风干蚯蚓	9.4	54.6	17.34	—	21.2	1.55	2.75	2.99	—
进口鱼粉	9.2	62.0	9.7	0.30	—	14.4	3.91	2.90	12.13
国产鱼粉	11.5	53.6	9.3	0.50	—	18.9	4.59	2.15	9.83
饲用酵母*	9.3	51.4	9.6	2.0	28.3	8.4	—	—	10.17
豆　饼	11.90	43	5.4	5.7	29.6	5.9	0.32	0.50	11.05
玉　米	13.5	3.6	3.5	2.0	69.9	1.4	10.04	0.21	15.15
麸　皮	12	14.2	2.0	8.2	—	4.4	0.14	1.06	7.45
蚯蚓粪	17.8	7.9	1.1	—	—	34.2	1.42	0.28	3.97

注:* 引自曹中平《蚯蚓养殖学》,其余均引自莱阳农学院中心化验室分析数据

蚯蚓含有很高的蛋白质,其干物质蛋白质含量可高达 70% 左

右,一般分析,也可以得到 41.62%～66% 的粗蛋白质。根据报道,在蚯蚓蛋白质中含有不少必需氨基酸,这些氨基酸是畜禽和鱼类生长发育所必需的,其中含量最高的是亮氨酸,其次是精氨酸和赖氨酸等。蚯蚓蛋白质中精氨酸的含量为花生蛋白的 2 倍,鱼蛋白的 3 倍;色氨酸的含量则为动物血粉蛋白的 4 倍,牛肝的 7 倍。

蚯蚓不仅机体含有大量的蛋白质,就是在它的粪粒里也含有一定量蛋白质。据日本食品分析中心对蚯蚓粪进行的分析,结果证明:在含水量只有 11% 左右的时候,蚓粪内所含的全氮约 3.6%,以此换算粗蛋白质为 22.5%。

用蚯蚓喂养的猪、鸡、鸭和鱼长得快,味道鲜美,主要原因是蚯蚓蛋白质多,而且容易被畜、禽和鱼消化与吸收,且适口性好。畜禽和鱼类均喜欢采食混有新鲜蚯蚓的饲料,混合的用量要根据畜禽和鱼种类以及个体的大小而定,以占饲料总重量的 5% 左右较好,但有时可高达 40%～50%。用混有蚯蚓的饲料喂养幼小的畜禽或鱼苗,效果特别好,它们吃了蚯蚓以后长得快,色泽光洁,发育健壮,不生病或少生病,还减少死亡。据报道,每头猪每天喂以 0.1～0.2 千克蚯蚓(按猪的大小而定),每天可增重 0.25～0.5 千克;而不喂蚯蚓的猪,每天只能增重 0.15～0.35 千克。用蚯蚓喂蛋鸭,可使鸭每天都产蛋,而不再间歇停产,并且每个蛋比原来的平均增重 10 克。

(三)化害为利,变废为宝

由于现代化工农业迅猛发展,大量的工业废弃物及生活垃圾被排出,广泛地应用农药,污染了成片的农田,人类环境遭到严重污染,直接影响了人类的健康。如何采取措施处理这些环境公害,已成为全球共同关心的大事。英国与日本等国正积极研究处理公害的方法,其中之一就是利用蚯蚓。例如,一条蚯蚓每天可以处理

0.3 克的造纸污泥,只要养殖 333 300 000 条蚯蚓,就可以每天处理 100 吨的造纸污泥。目前,在日本用蚯蚓来处理造纸污泥已进入实用化阶段。此外,蚯蚓还可以处理酒厂、畜禽和水产品加工厂的废弃物和废水,日本利用蚯蚓每月可处理此类废弃物多达 3 000 吨,在美国利用 5 亿条蚯蚓,每天可处理 200 吨工业废物。此外,利用蚓粪中的微生物群来分解废水中的污泥,使之产生沉淀,从而达到净化污水的目的。

蚯蚓在处理城市的生活垃圾方面也能起很大的作用,例如,加拿大在 1970 年建立了一个蚯蚓养殖场,目前每星期可以处理约 75 吨的垃圾。北美也有一个蚯蚓养殖场,可以处理 100 万人口的城市生活垃圾和商业垃圾。用蚯蚓处理生活垃圾,不仅可以节约由于烧毁垃圾所要耗费的能源,而且经过蚯蚓处理过的垃圾还可以作为农田的肥料,用来增产农作物。

目前在不少国家内,还将蚯蚓用来处理农药和重金属类等有害物质。蚯蚓对农药和重金属的积聚能力强,例如,对 BHC(即六六六)、DDT(即二二三)、PCB(即多氯联二苯)等农药的积聚能力可比土壤大 10 倍,对重金属镉、铅、汞等的积聚能力要比土壤大 2.5～7.2 倍。所以,美、英等国在农田或重金属矿区附近的耕作区放养大量蚯蚓,让有害的农药重金属富集到蚯蚓的身体里,使已荒芜的农田又变得肥沃起来,能够重新用来种庄稼。当然,这种富集了农药和有害重金属的蚯蚓不能再作为畜禽和鱼类的饲料,否则将引起畜禽和鱼类的疾病,甚至导致中毒死亡。因此,利用蚯蚓造福于人类必须做到既除去有害物质,又保护畜禽和鱼类安全。

(四)食 用

蚯蚓蛋白不仅用于养殖业,而且其游离氨基酸在食品工业中用途也很大。其实以蚯蚓作为食品,在我国古代已有记载,福建和广东一带有人食用蚯蚓。目前,在国内食蚯蚓的习惯也只在台湾省、海南省和贵州省的少数民族中能见到。以蚯蚓为原料生产制作的食品在台湾地区很受欢迎,不但可作为通心粉和地龙糕的主要原料,还用来制作各种菜肴,例如,"地龙凤巢"就是用蚯蚓炒蛋,"龙凤配"是用蚯蚓炖鸡,"千龙戏珠"是蚯蚓煮鸽蛋。蚯蚓可以制成 20 多种的烹调菜肴和点心,在当地被称为蚯蚓大餐。

在国外,食用蚯蚓较普遍,新西兰的毛利族人以 8 种蚯蚓作为食用的佳品和礼物,互相赠送。美国和大洋洲、非洲地区的某些国家,用清水和玉米面养蚯蚓 24 小时,让其排出肠内的泥土,然后剖开洗净、切碎,烹调成菜肴或磨碎制成酱,或制成浓汤罐头,或做成煎蛋饼和苹果汁奇异饼等。

(五)药 用

蚯蚓的中药材名称叫地龙,最常见的为广地龙,在动物分类学上的名称叫参环毛蚓。参环毛蚓只分布在我国广东、广西和福建,其个体大,便于加工处理成中药材。蚯蚓用作中药用途很多,大家最熟悉的就是治疗哮喘病,这主要是利用蚯蚓体内含有抗组胺作用的氮素物质,这种物质对肺和支气管有明显的扩张作用。蚯蚓还含有一定的酪氨酸,能促进身体表面外周血液的循环,增强散热,所以有解热的功效。蚯蚓的水浸出液有麻醉知觉的作用,蚯蚓的乙醇提取液有缓慢而持续的降压作用,这些机制均与神经系统有关。蚯蚓体内还含有促进子宫收缩的物质,可作催产剂。此外,蚯蚓还能治黄疸,疗伤寒,利排尿,解痉挛,除丹毒,治疗外伤炎症和牙龈溃疡、口疮等,最新研究证明,蚯蚓体内含有多种特殊酶,如溶栓酶就是其中一种,它能溶解血管中的栓子。

三、蚯蚓养殖的主要种类

蚯蚓在分类上属于环节动物门、寡毛纲。目前全世界已记录的蚯蚓种数超过 3 000 种,我国有数百种。这里仅将可用于养殖方面的 14 种蚯蚓简介如下:

(一)天锡杜拉蚓
Drawida gisti Moniligastriade 1931

体长 78~122 毫米,宽 3~6 毫米,体节数 146~198。口前叶为前叶的。背孔自 3/4 节开始。环带位于 X～XII 节,或延伸至 IX 或 XIV 节,X、XI 节腹面少腺表皮。刚毛每体节 8 条,刚毛较紧密,对生。有阴茎 1 对,高而尖,藏在 10/11 节间沟 bc 毛间下陷的阴茎囊中,常突出。雌孔在 11/12 节间近 b 毛线上。受精囊孔 1 对,在 7/8 节间沟上对 cd 毛间的位置,孔的前后时有一小乳突。身体前端腹面有一不规则排列的乳头突,全缺者少见。6/7～8/9 的隔膜很厚。砂囊 2 或 3 个,在 XII～XIII 节间。精巢囊在 9/10 隔膜背侧。输精管卷曲至膜面入 X 节中。精管膨部长或短,末端由阴茎通出。受精囊呈圆形,其管在 7/8 隔膜后盘旋多转,下通膨部。精管膨部呈长柱状,可长达 2 毫米,基部有乳突和腺体。背部青绿色。

该品种分布于浙江、江苏、安徽、山东、北京、吉林。

（二）日本杜拉蚓
Drawida japonica Michaelsen 1982

体长 70～100 毫米,宽 3～5.5 毫米,体节数 165～195。无被毛。环带位于 X～XIII 节,X 与 XI 节腹面无腺表皮。刚毛每体节 4 对。雄孔 1 对,在 11/12 节近 c 线上。VII～XII 节腹面有不规则排列的圆形乳头突,全缺者也有。砂囊 2～3 个,在 XII～XIV 节。精巢囊 1 对,甚大,悬在 9/10 隔膜上。输精管甚弯曲,至 X 节与大拇指状的前列腺相会,通出外界。卵巢在 XI 节前面内侧。10/11 和 11/12 隔膜在背面相遇,合成卵巢腔。卵巢自 11/12 节隔膜向后长出,约可达 XX 节。受精囊小而圆,在 7/8 隔膜后方,由弯曲的管入一大拇指状的膨部通出。背面青灰色或橄榄色,背中线紫青色,环带肉红色。

该品种分布于山东、甘肃、新疆、内蒙古、北京、吉林、长江流域等。

（三）参环毛蚓
Pheretima aspergillum Perrier 1872

体长 115～375 毫米,宽 6～12 毫米。背孔自 11/12 节间始。环带占 3 节,无被毛和刚毛。环带前刚毛一般粗而硬,末端黑,距离宽,背面亦然。30～34（VIII）在受精囊孔间,28～30 在雄孔间,在雄孔附近腺体部较密,每边 6～7 条。雄孔在 XVIII 节腹刚毛一小突上,外缘有数环绕的浅皮褶,内侧刚毛圈隆起,前后两边有横排（一排或两排）小乳突,每边 10～20 个不等。受精囊孔 2 对,位于 7/8～8/9 之间一椭圆形突起上,约占节周的 5/11。孔的腹侧有横排（一排或两排）乳突,约 10 个,与孔距离远处无此类乳突。隔膜

8/9,9/10 缺。盲肠简单,或腹侧有齿状小囊。受精囊呈袋形,管短,盲管亦短。内侧 2/3 微弯曲数转,为纳精囊。每个副性腺呈块状,表面呈颗粒状,各有一组粗索状管连接乳突。背部紫灰色,后部色稍浅,刚毛圈白色。

该品种分布于福建(福州、厦门)、广东、香港、海南、台湾、广西等地。

(四)柔氏环毛蚓
Pheretima carnosa Goto et Hatai 1899

体长 150～340 毫米,宽 6～12 毫米,体节数 105～179。口前叶为上叶的。背孔自 12/13 开始。环带位于 XIV～XVI 节,戒指状,无刚毛。III～IX 节 a～h 刚毛粗而疏,向两边逐渐变细而密。14～24(VIII)在受精囊孔间,12～20 在雄孔间。雄孔在 XVIII 节两腹侧一平乳头上,孔内侧有相似的乳头 3 对,在刚毛圈前后各 1 个,XIX 节前环 1 对。排列方式多变化。受精囊孔 4 对或 3 对,在5/6～8/9 节间,紧贴孔突前面有 1 对乳突,有时缺。VIII,IX 节腹侧靠近孔。或在腹面各有 1 对乳突,有时少 1 个或多个,或完全没有。隔膜 8/9～9/10 缺。盲肠简单。副性腺呈小团,无明显管子。受精囊的盲管较受精囊本体稍短,内端有一枣形的纳精囊。背部深褐色或紫褐色,有时刚毛圈白色。

该品种分布于江苏、浙江、安徽、山东、广东(香港)、四川、北京。

(五)威廉环毛蚓
Pheretima guillemi Michaelsen 1895

体长 96～150 毫米,宽 5～8 毫米,体节数 88～156。环带位于 XIV ～ XVI 节，戒指状，无刚毛。体上刚毛较细，前端腹面疏而不粗。13～22(VIII)在受精囊孔间，雄孔在 XVIII 节两侧一浅交配腔内，陷入时呈纵裂缝，内壁有褶皱，褶皱间有刚毛 2～3 条，在腔底突起上为雄孔，突起前通常有一乳头突。受精囊孔 3 对，在 6/7～8/9 节间，孔在一横裂中小突上。无受精囊腔。隔膜 8/9、9/10 缺。盲肠简单。受精囊的盲管内端 2/3 在平面上，左右弯曲，为纳精囊，与管分明。背面青黄色，背中线深青色。

该品种分布于湖北、江苏、浙江、天津、北京。

（六）湖北环毛蚓
Pheretima hupeiensis Michaelsen 1895

体长 70～222 毫米，宽 3～6 毫米，体节数 110～138。口前叶为上叶的。背孔自 11/12 节开始，环带占 3 节。腹面刚毛存在。其他部分刚毛细而密，每节 70～132 条，环带后较疏。背腹中线几乎紧接。14～22(VIII)在受精孔间，10～16 在雄孔间。雄孔在 XVIII 节腹侧的刚毛线一平顶乳突上开孔，约占 1/6 节周距离。稍偏内侧在 17/18 和 18/19 节间沟各有 1 对大卵圆形乳突。受精囊孔 3 对，在 6/7～8/9 节间沟后孔周围及腹面均无乳头突。隔膜 8/9、9/10 于前面各隔膜厚度相等，但 10/11、11/12 甚薄。盲肠呈锥状。贮精囊、精巢和精漏斗所在体节被包裹在一大膜质囊中，背面和腹面两边相通，无精巢囊。前列腺发达。副性腺圆而紧凑，附着在体壁上。受精囊为狭长形，其管甚粗，盲管比本体长 2 倍以上，内 4/5 屈曲，末端稍膨大。背部草绿色，背中线紫绿色或深橄榄色。腹面青灰色，环带乳黄色。

该品种分布于湖北、四川、福建、北京、吉林及长江下游各省。

（七）直隶环毛蚓

Pheretima tschiliensis Michaelsen 1928

体长 230～345 毫米，宽 7～12 毫米，体节数 75～129。口前叶为前叶的。背孔自 12/13 节间始。环带位于 XIV～XVI 节，戒指状，无刚毛。体上刚毛一般中等大小，前腹面稍粗，但不显著。27～35（XIII）在受精囊孔间，16～32 在雄孔间。雄孔在皮褶之底中间突起上，该突起前后各有一较小的乳头。皮褶呈马蹄形，形成一浅囊。刚毛圈前有一大乳突。受精囊孔 3 对，在 6/7～8/9 节间，有一浅腔，此孔即在节间沟一小突上。腔内无乳突，有一个在腔外腹面后节刚毛圈之前。隔膜 8/9、9/10 缺。盲肠简单。受精囊盲管内侧 1/3 有数个弯曲，下部 2/3 为管。背面深紫红色或紫红色。

该品种分布于天津、北京、浙江、江苏、安徽、江西、四川、台湾。

（八）通俗环毛蚓

Pheretima vularis Chen 1930

体长 130～150 毫米，宽 5～7 毫米，体节数 102～110。环带在 XIV～XVI 节，戒指状，无刚毛。体上刚毛环生，13～18（VIII）在受精囊孔间。前端腹面刚毛疏而不粗。受精囊腔较深广，前后缘均隆肿，外面可见到腔内大小乳突各一。雄交配腔深广，内壁多皱纹，有平顶乳突 3 个。雄孔位于腔底的一个乳突上，能全部翻出，形似阴茎。受精囊 3 对，在 IX～XII 节，受精囊管内端 2/3 在同一平面左右弯曲，与外端 1/3 的管状盲管有显著区别。纳精囊与管状盲管有显著区别，两者在 VII、VIII 节基本上位于一条直线上，而在 IX 节则呈弯曲。贮精囊 2 对，在 XI、XII 节。输精管向下通至 X 节腹面,两侧与前列腺汇合,以雄孔向外开口。卵巢 1 对,在 12/13 隔膜下方。心脏 4 对,在Ⅶ、Ⅸ、Ⅻ、ⅩⅢ节,末端最大。砂囊 1 个,在Ⅸ、Ⅹ节。隔膜 5/6~7/8 厚,8/9、9/10 缺。前列腺 1 对。盲肠简单。体背草绿色,背中线深青色。

该品种分布于江苏、湖北。

(九)背暗异唇蚓

Allolophora trapezoides Duges 1828

体长 80~140 毫米,宽 3~7 毫米,体节数 93~169,一般多于 130。口前叶为上叶的。背孔自 12/13 节间始。环带位于 ⅩⅩⅦ、ⅩⅩⅧ~ⅩⅩⅩⅢ、ⅩⅩⅩⅣ节。性隆脊位于 ⅩⅩⅪ~ⅩⅩⅩⅢ节。刚毛紧密对生,在Ⅸ~Ⅺ、ⅩⅩⅫ~ⅩⅩⅩⅣ节,常见在 ⅩⅩⅦ节,偶尔在 ⅩⅩⅣ~ⅩⅩⅥ节区的生殖隆起只含 a 毛与 b 毛。雄孔在 ⅩⅤ节。贮精囊 4 对,在Ⅸ~Ⅻ节。受精囊孔 2 对,开口在 9/10 和 10/11 节间。颜色不定,环带后到末端附近色常淡,渐深,暗蓝灰色、褐色、淡褐色或微红褐色,偶见近微红色,但无紫色。身体背腹末端扁平。

该品种分布于新疆塔城。

(十)灰暗异唇蚓

Allobophora caliginosa trpezoides Duges 1828

体长 100~270 毫米,宽 3~6 毫米,体节数 118~170。背孔自 8/9 节间始,环带位于 ⅩⅩⅥ~ⅩⅩⅩⅢ节,约占九体节,马鞍形。性隆脊位于 ⅩⅩⅪ~ⅩⅩⅩⅢ节 b 毛外侧,纵向,2 个,节间连续。刚毛每节 4 对,密生。雄孔 1 对,在 ⅤⅩ节 bc 间较近 b 毛一横深槽中,前后表皮隆肿如唇,14/15 和 15/16 节间因腺肿而消失。雌孔 1 对,在 ⅩⅣ节 b 毛外侧。受精囊孔 2 对,在 9/10 与 10/11 节间沟,约与

cd 成直线。无乳头突,但 IX～XI 节腹刚毛周围腺肿状。砂囊大而长,位于 XIX 节,其前有一嗉囊。心脏 5 对,在 VII～XI 节。贮精囊 4 对,在 IX～XII 节,前 2 对较小,发育不全。精囊游离,无精巢囊。受精囊 2 对,小而圆,其管两对。

　该品种分布于江苏、浙江、安徽、江西、四川、北京、吉林等地。

(十一)微小双胸蚓
Bimastus parvus Eisen 1874

　体长 17～65 毫米,宽 1.5～3.0 毫米,体节数 65～97。口前叶为上叶的。背孔自 5/6 节间始。环带位于 XXIII、XXIV～XXXI、XXXII 节。无性隆脊;或有,在 XXIV、XXV、XXVI～XXX 节上,界限模糊。刚毛紧密对生。雄孔在 XV 节,有稍高的小乳突,乳突淡黄褐色。贮精囊在 XI 和 XII 节。无受精囊。腹部淡黄色,背部微红色。

　该品种分布于江苏、江西、四川、北京、吉林等地。

(十二)赤子爱胜蚓
Eisenia fetida Savigny 1826

　体长 35～130 毫米,一般短于 70 毫米,宽 3～5 毫米,体节数 80～110。口前叶为上叶的。背孔自 4/5(有时 5/6)节间始。环带位于 XXIV、XXV、XXVI～XXXII 节。性隆脊位于 XXVIII～XXX 节。刚毛紧密对生。在 IX～XII 节的生殖隆起上有一些刚毛环绕,通常在 XXIV～XXXII 节环绕 a 和 b 毛。雄孔在 XV 节,有大腺乳突。贮精囊 4 对,在 IX～XII 节。受精囊 2 对,有管,开口在 9/10 和 10/11 节间背中线附近。颜色不定,有紫色、红色、暗红色或淡红褐色,有时在背部色素较少的节间区有黄褐色交替的带。身体圆柱形。

　该品种分布于新疆、黑龙江、北京、吉林、四川成都。

（十三）红色爱胜蚓
Eisenia rosea Savigny 1826

体长 25～85 毫米,宽 3～5 毫米,体节 120～150。口前叶为上叶的。背孔自 4/5 节间始。环带位于 XXV、XXVI～XXXII 节,稍微腹向张开。性隆脊通常位于 XXIX～XXXI 节。刚毛密生对。雄孔在 XV 节,有隆起的腺乳突,与雄生殖隆起一起延伸至 XIV 和 XVI 节。贮精囊 4 对,在 IX～XII 节。受精囊 2 对,有短管,开口在 9/10 和 10/11 节间背中线附近,或侧中线与 d 毛之间。除环带区外,身体圆柱形。活体呈玫瑰红色,或淡灰色,保存时白色。

该品种分布于新疆、黑龙江、北京、吉林。

（十四）中华合胃蚓
Desmogaster sinensis Gates 1930

这是一种大型的蚯蚓,身体半透明而光滑,色素很少,前端略呈淡黄色,生殖带不明显,一般在 X～XIV 节或 X～XV 节。刚毛看不见。雄性生殖孔 2 对,在 11/12 和 12/13 节间沟两侧的宽裂缝中。雌性生殖孔 1 对,在 XIV 节的前半节内,不明显。受精囊孔只有 2 对,在 VII 和 VIII 节后缘的乳头突起上。

该品种只见于江苏省的苏州、无锡和南京一带山地。

四、蚯蚓的生物学和生态学特性

(一)形态特征

蚯蚓属于无脊椎动物中的环节动物。身体结构不复杂。从本质上说,蚯蚓就是一条被充满液体的体腔包被的消化管,外面是皮肤。

蚯蚓的身体是由 200~400 个肌肉环组成的,这些肌肉能够帮助它像液压钻头一样穿过土壤,并对它的消化过程有帮助。

蚯蚓身体的最前端是口前叶,它包被着口腔,用来压迫土壤挖掘洞穴。它的脑正处于口前叶后边咽之前。蚯蚓的脑好像并不十分重要,因为大脑切除后只会导致蚯蚓很小的行为变化。

蚯蚓的前端上部和背面有很多感受光的细胞。光照在蚯蚓养殖与管理中很有用处,可以用在养殖箱上避免蚯蚓夜间逃逸。

我国最常见的蚯蚓是巨蚓科的环毛蚓属(*Pheretima*),其主要特征是身体呈长圆柱形,常见种长达 20 厘米左右,由多数环节组成,每节环生数十至百余条刚毛。生殖带环状,生于第 14~16 节。有雄性生殖孔 1 对,在第 18 节上;有雌性生殖孔 1 个,在第 14 节上;受精囊孔 3 对。没有大肾管,有多数小肾管。

(二)内部器官

1. 消化系统

蚯蚓是通过吞食土壤和有机质来构建洞穴的。如果它穿过的物质太大太硬就会难于吞食。小的颗粒经过口腔和咽,沿着消化道自前向后运动,在食管部位附有含钙腺。钙腺能分泌碳酸钙用来降低饲料的酸度,集中于蚯蚓嗉囊中的食物受碳酸钙、酶和细菌的溶解,为在砂囊中的进一步处理做准备。砂囊由强有力的肌肉所组成,其中的消化液、小石头颗粒和矿物颗粒共同作用,加工成能够适于通过肠道消化的小颗粒食物,经过肠道壁的吸收进入毛细血管,蛋白质和糖类被分配到体细胞,而一些废弃物以黏性液体的形式排到体表,使蚯蚓在穿过土壤时能够保持润滑。

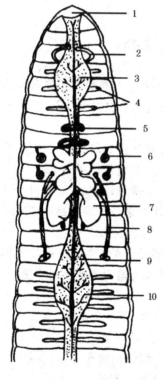

图 4-1　蚯蚓体解剖图

1. 口　2. 神经节　3. 食管　4. 肾
5. 心脏　6. 受精囊　7. 贮精囊
8. 输卵管　9. 嗉囊　10. 砂囊

未经消化的较大食物颗粒经过肠道到达肛门,以含氮废物的形式排出体外。蚯蚓体的解剖图见图 4-1。

从取食到排泄,整个的过程需要经历 24 小时。随着蚯蚓的排泄物一起被排出,蚯蚓消化系统的微生物会在土壤中继续进行消化过程。其中的一些物质会在蚯蚓穿过土壤时重新被蚯蚓吞食。

由于土壤中细菌的活动使食物腐烂,这个预消化作用有助于蚯蚓的消化作用。预消化作用比较适合于弱酸而不是强酸条件。蚯蚓消化需要 pH 值在 6.8～7.2 之间。赤子爱胜蚓能够忍受较强的酸度。蚯蚓每天能够吃掉相当于其体重的食物,所以食物的供应必须充足。

2. 循环系统

蚯蚓在前端多达 5 对心脏,通过消化系统下面的腹血管把血液输送到身体末端,再通过另一条较大的背血管输送回心脏。在这一过程中,血液经过毛细血管流经各器官和皮肤,不断地进行着养分、水分和废物的交换。在蚯蚓的大多数体节上,背血管和腹血管是互相连接的。毛细血管壁非常薄,能够使营养物质、氧气跟液体、气体废物较容易地进行交换。蚯蚓的循环系统极其脆弱,所以在操作时要非常小心。

3. 呼吸系统

蚯蚓的皮肤就是它的呼吸器官。毛细血管网络不断把外界的氧气带入血液,把二氧化碳从血液中排出。只有体表保持湿润蚯蚓才能正常呼吸。为了使其正常呼吸,蚯蚓的生活环境必须保持湿润,但太高的湿度会造成二氧化碳的积累。

4. 运动系统

蚯蚓的纵向肌肉非常有力,试验中能拉伸到其身长的 2 倍。在每一体节上存在的环状肌可以使蚯蚓沿着身长收缩和伸长。刚毛是蚯蚓的肌肉从体壁伸出的小刺,在蚯蚓移动时起到类似锚的作用。肌肉也能够把刚毛缩进体内。

环状肌肉与纵向肌肉相互协调、连续运动。后面的肌肉伸展而前面的环状肌肉收缩,蚯蚓就会把前端推向前进。然后前面的肌肉伸展,利用自己的刚毛固定前端,把末端向前拖,进行着平滑而有节奏的运动。

口前叶在身体的最前端,代替了蚯蚓的鼻子。在土壤里,蚯蚓用口前叶跟肌肉系统联合运动而在土壤颗粒之间前进,把土壤颗粒排到两边形成洞穴,如果颗粒足够小就会吃掉。蚯蚓晚上取食会把末端固定在洞穴口,身体伸展到极限,把食物拖到洞穴。

(三)生活习性

1. 穴居生活

蚯蚓由于长期生活在土壤的洞穴里,其身体形态结构与生活习性等方面必然会对生活环境产生一定的适应,这是自然选择的结果。

蚯蚓头部因穴居生活而退化,虽然在身体的前端有肉质突起的口前叶,在口前叶膨胀时能摄取食物,缩细变尖时又能挤压泥土和挖掘洞穴,但因终年在地下生活,并不依靠视觉来寻觅食物。所以在口前叶上不具有视觉功能的眼睛,而只有能感受光线强弱或具有视觉的一些细胞。

蚯蚓的运动器官是刚毛,利用刚毛,其能把身体支撑在洞穴里,或在地面上蜿蜒前进或后退。

蚯蚓的身体是由许多的体节组成的,体表可分泌液体湿润身体,以减少在土中运动时与粗糙砂土颗粒的摩擦,并防止体表的干燥。此外,体表的湿润还与蚯蚓的呼吸密切相关,因为其没有特殊的呼吸器官,主要是通过湿润的表皮来进行氧气与二氧化碳的气体交换。

蚯蚓的感觉器官也因为穴居生活而不发达,只有在皮肤上能感受触觉的小突起,在口腔内能辨别食物的感觉细胞,以及主要分布在身体前端和背面的感光细胞,这种感光细胞仅能用来辨别光线的强弱,并无视觉的功能。

2. 六喜六怕

蚯蚓属腐食性动物,怕光、怕水浸、怕震动、怕高温、怕严寒,喜欢栖息在温暖、潮湿、阴暗、通气、富含大量有机质的土壤里,难以在一般耕地、红壤中见到。蚓床基料适宜含水量为 30%～50%,适宜 pH 值为 6～8。蚯蚓正常活动的温度为 5～35℃,生长适宜温度为 18～25℃，最佳活动温度为 20℃，35℃ 以上则停止生长，40℃ 死亡，10℃ 以下活动迟钝，5℃ 以下进入休眠状态。

(1) 六喜

①喜阴暗　蚯蚓属夜行性动物，白天蛰居于泥土洞穴中，夜间外出活动，一般夏秋季晚上 8 点到次日凌晨 4 点左右出外活动，采食和交配都是在暗光情况下进行的。

②喜潮湿　自然陆生蚯蚓一般喜居在潮湿、疏松而富含有机物的泥土中，特别是肥沃的庭院、菜园、耕地、沟、河、塘、渠道旁以及食堂附近的下水道边、垃圾堆、水缸下等处。

③喜安静　蚯蚓喜欢安静的环境。生活区、工矿周围的蚯蚓多生长不好或逃逸。

④喜温　蚯蚓喜欢比较高的温度，低于 8℃ 即停止生长发育。繁殖最适温度为 22～26℃。

⑤喜甜、酸味　蚯蚓是杂食性动物，除了玻璃、塑胶、金属和橡胶不吃，其余如腐殖质、动物粪便、土壤、细菌等以及这些物质的分解产物都吃。蚯蚓味觉灵敏，喜甜、酸味，厌苦味。喜欢细软的饲料，对动物性食物尤为贪食，每天吃食量相当于自身重量。食物通过消化道，约有一半以粪便排出。

⑥喜同代同居　蚯蚓具有母子两代不愿同居的习性。尤其高密度情况下，小的繁殖多了，老的就要搬家。

(2) 六怕

①怕光　蚯蚓为负趋光性，尤其是怕强烈的阳光、蓝光和紫外线的照射，但不怕红光，趋向弱光。如阴湿的早晨有蚯蚓出穴活动就是这个道理。阳光对蚯蚓的毒害作用，主要是因为阳光中含有紫外线。据试验，红色爱胜蚓在阳光下照射 15 分钟 66% 死亡，20 分钟则 100% 死亡。

②怕震动　蚯蚓喜欢安静环境，要求噪音低，且不能有震动。靠近桥梁、公路、飞机场附近不宜建蚯蚓养殖场。受震动后，蚯蚓

表现不安,逃逸。

③怕水浸泡　蚯蚓尽管喜欢潮湿环境,甚至不少陆生蚯蚓能在完全被水浸没的环境中较长久地生存。但其从不选择和栖息于被水淹没的土壤中。养殖床若被水淹没,多数蚯蚓马上逃走;逃不走的表现身体水肿状,生活力下降。

④怕闷气　蚯蚓生活时需良好的通气,以便补充氧气,排出二氧化碳。对氨、烟气等特别敏感。当氨在空气中浓度超过百万分之十七时,就会引起蚯蚓黏液分泌增多,集群死亡。烟气中主要有二氧化硫、一氧化碳、甲烷等有害气体。人工养殖蚯蚓时,为了保温,舍内生火炉,其管道一定不能漏烟气。

⑤怕农药　据调查,使用农药尤其是剧毒农药的农田或果园,蚯蚓数量少。一般有机磷农药中的谷硫磷、二嗪农、杀螟松、马拉松、敌百虫等,在正常用量条件下,对蚯蚓没明显的毒害作用。但有些种类农药,如氯丹、七氯、敌敌畏、甲基溴、氯化苦、西玛津、西维因、呋喃丹、涕灭威、硫酸铜、三九一一等,则对蚯蚓毒性很大。大田养殖蚯蚓最好不使用这些农药。有些化肥如硫酸铵、碳酸氢铵、硝酸钾、氨水等在一定浓度下,对蚯蚓也有很大的杀伤力。如氨水按农业常用方法对水配成4%溶液施用,蚯蚓一旦接触,少则几十秒,多则几分钟即死亡。所以,养殖蚯蚓的农田,应尽量多施有机肥或尿素。尿素浓度在1%以下,不仅不毒害蚯蚓,而且可以作为促进蚯蚓生长发育的氮源。

⑥怕酸碱　蚯蚓对酸性物质很敏感。当然,不同种类的蚯蚓对环境酸碱度忍耐限度不同。八毛枝蚓、爱胜双胸蚓为耐酸种,可在 pH 值 3.7～4.7 之间生活。背暗异唇蚓、绿色异唇蚓、红色爱胜蚓则不耐酸,最适 pH 值为 5.0～7.0。碱性大也不适宜蚯蚓生活,据对环毛蚓在 pH 值 1～12 溶液中忍耐能力测定表明,在气温 20～24℃,水温 18～21℃情况下,pH 值 1～3 和 12 时蚯蚓几分钟至十几分钟内便死亡。随着溶液酸碱度偏于中性,蚯蚓死亡时间

逐渐延长。目前人工养殖赤子爱胜蚓和红正蚓,最好把饲料调至偏弱酸性,这样有利于其蛋白质等物质的消化。

(四)生活史

蚯蚓在一生中所经历的生长发育及繁殖的全部过程包括:生殖细胞的发生、形成和受精,到成体的衰老、死亡(图 4-2)。一般人为地分为蚓茧形成、胚胎发育和胚后发育三个阶段。

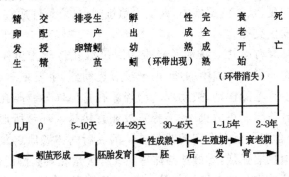

图 4-2　蚯蚓的生活史

1. 蚓茧形成过程及形态特征

(1) 生殖细胞的发生　随着个体生长,生殖腺逐渐发育,其内也逐步进行着生殖细胞的发生过程,到一定的时期,再排入贮精囊或卵囊内,进一步发育成精子或卵子。成熟的精子包括头、中段和尾三部分,全长 72 微米,有的可长至 80~86 微米。蚯蚓的卵多为圆球形、椭圆形或梨形。陆栖蚯蚓的卵较水栖蚯蚓卵小。赤子爱胜蚓卵的直径只有 0.1 毫米,由卵细胞膜、卵细胞质、卵细胞核,以及最外面由卵本身分泌的一薄层卵黄膜所构成。

(2) 交尾　异体受精的蚯蚓,性成熟后通过交尾,使配偶双方相互授精。即把卵子输导到对方的受精囊内暂时贮存。交配时两条蚯蚓前后倒置,腹面相贴。一条蚯蚓的环带区域正对着另一条蚯蚓的受精囊孔区域。环带区分泌黏液紧紧黏附着配偶。在两条蚯蚓的环带之间,有两条细长黏液管将配偶相对应的体节(Ⅷ~ⅩⅩⅩⅢ)连在一起。赤子爱胜蚓相贴体节的腹面比较凹陷,形成两条纵行精液沟。雄孔排出的精液,借助沟内拱状肌肉有规律地收缩,而向后输送到自身的环带区,并进入对方的受精囊内。当相互授精完成后,两条蚯蚓从相反的方向各自后退,退出束缚蚓体的黏液管,直至配偶脱离接触。以上过程2~3小时。野生蚯蚓交尾多发生在初夏、秋季的肥堆中,人工养殖蚯蚓,只要条件适宜,一年四季都可发生交尾。

①排卵与受精　排卵是指蚯蚓通过雌孔将卵排出体外的过程。处在卵囊或体腔中的卵,由于没有运动器,主要依靠卵漏斗、输卵管上纤毛的摆动,被动地将卵经雌孔排出体外。雌孔往往在第一环带节腹面正中央(环毛蚓),故卵直接排入环带所形成的蚓茧内,包含有一至多个卵的雏蚓茧。因其后的体壁肌肉较前面的体壁肌肉收缩强烈,雏蚓茧与体壁间又有大量黏液起润滑作用,加上雏蚓茧外周与地表接触受阻,蚓体向后倒行,使得蚓体前端逐渐退出雏蚓茧。当受精囊孔途经雏蚓茧时,原来交配所贮存的异体精液就排入雏蚓茧内,从而完成受精过程。

②蚓茧形成　从环带开始分泌蚓茧膜及其外面细长的黏液管起,经排卵到雏蚓茧从蚓体最前端脱落、前后封口成蚓茧止,是蚓茧形成的全过程(见图4-3)。蚓茧内除含有卵子外,还有精子及供胚胎发育用的蛋白液。

③蚓茧的生产场所　正蚓科蚯蚓如红色爱胜蚓、日本异唇蚓、背暗异唇蚓,一般产蚓茧于潮湿的土壤表层,遇干旱则产处较深。八毛枝蚓等多产于腐殖层中,赤子爱胜蚓多产于堆肥中。

④蚓茧的颜色　刚生产的蚓茧多为苍白色、淡黄色,随后逐渐变成黄色、淡绿色或淡棕色,最后可能变成暗褐或紫红色、橄榄绿色。

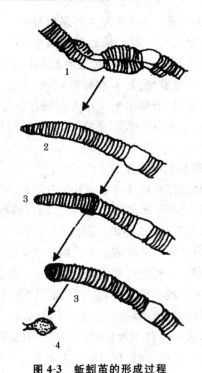

图 4-3 蚯蚓茧的形成过程

1. 蚯蚓交配　2. 正在分泌形成的蚯蚓茧

3. 正在脱落中的蚯蚓茧　4. 已脱落的蚯蚓茧

⑤蚓茧的形状　多为球形、椭圆形,有的为袋状、花瓶状或纺锤状,少数为细长纤维状或管状。蚓茧的端部较突出,有的呈簇状、茎状、圆锥状或伞状。

⑥蚓茧大小　一般与蚓体宽呈正相关,差别较大。赤子爱胜蚓的蚓茧一般长 3.8～5.0 毫米、宽 2.5～3.2 毫米。

⑦蚓茧的含卵量　不同种类蚯蚓的蚓茧含卵量不同,即使同一种类,也会因条件的不同而有较大差异。如赤子爱胜蚓,一般蚓茧含 3～7 个卵,有的仅含 1 个,有的却多达 20 个甚至 60 个卵。

⑧蚓茧的生产量　蚓茧的年生产量依种类、个体发育状况、气候、食物因子等而变化。野生蚯蚓的蚓茧生产有明显的季节性。处于不利环境时(干燥、高温等)可能在短期内多生产些蚓茧。栖息于土壤表层(如爱胜蚓)的一些蚯蚓,其蚓茧生产量往往比穴居土壤深处(如环毛蚓)的要多些。在人工饲养的良好条件下,蚯蚓可全年生产蚓茧。在 20～26℃条件下,每条蚯蚓每天可产0.35～0.80 个蚓茧。

2. 蚯蚓的胚胎发育和生长

蚯蚓的胚胎发育是指从受精卵开始分裂起,到发育为形态、结构特征基本类似成年蚯蚓的幼蚓,并破茧而出的整个发育过程(即孵化)。其包括卵裂、胚层发育、器官发生三个阶段。蚯蚓胚胎发育的完成即为蚓茧孵化过程的结束。孵化所需时间及每个蚓茧孵出的幼蚓数,因种类、孵化时的温度、湿度等生态因子而不同。赤子爱胜蚓一般每个蚓茧孵出幼蚓 1～7 条,孵化时间为 2～11 周。幼蚓由蚓茧中孵化出来,经生长发育达到性成熟、生殖,然后逐渐衰老以致死亡,这个过程即为蚯蚓的胚后发育(即寿命)。蚯蚓生长,一般指蚓体重量和体积的增加;而发育则是指蚯蚓的构造和功能从简单到复杂的变化过程。两者既有区别,又密不可分。

蚯蚓的生长曲线一般呈"S"形。即幼蚓在达到性成熟前,体长、体重都急剧增加;性成熟(环带出现)到衰老开始(环带消失)前这一阶段,体重增加不多,但生殖能力很强;一旦环带消失,则体重渐减。蚯蚓的胚后发育时间往往因种类而异,赤子爱胜蚓 55 周,长异唇蚓 50 周。自然条件下,不同发育阶段的蚯蚓常处在同一环境中,其组成往往随季节而变化。在北方秋末产的蚓茧很多来不及孵化,故冬天蚓茧比例大。春天成蚓较多。夏季因蚓茧孵化,使幼蚓数量激增。秋天幼蚓数量逐渐减少,体重较大的成蚓数量渐增。

3. 蚯蚓的寿命

蚯蚓的寿命因种类与生态环境的不同而有差别。有一种双胸蚓,在干旱、贫瘠条件下,寿命仅为 2 个季度;而在较好的环境条件下,寿命可延长至 2 年多。环毛蚓为 1 年生蚯蚓,寿命多为 7~8 个月。在理想条件下,蚯蚓潜在寿命要更长些,如赤子爱胜蚓寿命可达到 4 年半,正蚓 6 年,长异唇蚓 10 年 3 个月。

据试验:赤子爱胜蚓在平均室温 21℃情况下,蚓茧需 24~28 天孵化成幼蚓,幼蚓需 30~45 天变成蚓。成蚓交配后 5~10 天产蚓茧。平均每条蚯蚓的世代间隔为 59~83 天。

(五)蚯蚓生态类型

蚯蚓的正常生长、发育和繁殖需要适宜的环境条件。由于气候、食物、地理和地质等因素的影响,形成了不同的蚯蚓生态类型。一般将蚯蚓的生态类型分为 3 大类:表居型(如赤子爱胜蚓)、上食下居型(如威廉环毛蚓)和土居型。

1. 表居型

此型居住和取食都在土壤表面的残落物层,以植物残体为食。体型小,因土壤表面剧烈变化的温度、湿度的影响和天敌的捕食而死亡率高,但繁殖快。体壁有色素沉积,为红色或深黑色。在土壤中挖掘和穿插能力差,对土壤物理性状影响不大,主要通过对有机残体的破碎影响其分解速度。

2. 上食下居型

此型居住在土壤内,到土壤表面取食有机物质。体型中等,身体背面体表有色素沉积,为灰褐色或紫褐色。它们将有机物质运至地下,挖掘至土壤表面的通道,并将下层土壤和未完全消化的物质排泄至土壤表面,对土壤通透性及土壤混合影响很大。

3. 土居型

居住和取食均在土壤内,主要取食土壤有机质。体型大,体壁无色素沉积,代谢繁殖均比较缓慢,在土壤内挖掘纵横交织的通道,影响土壤的孔隙度。

由于蚯蚓对环境条件如土壤类型、有机质含量、酸碱度、温湿度和通气状况等的要求随种类、产地不同而有差异,因此养殖蚯蚓要根据当地的自然条件因地制宜地选择品种。

(六)生态因子对蚯蚓的影响

1. 土壤

土壤是野生蚯蚓的食物来源,又是其栖息的场所。土壤包含着蚯蚓生活所必需的环境条件、各种生态因子对蚯蚓有着不同程度的影响。

从我国来看,蚯蚓的分布、密度,随着地区、土壤类型、季节、温度和有机质的数量而有较大的差异。蚯蚓在我国不同耕作土壤和自然土壤中的分布见表 4-1 和表 4-2。

表 4-1 蚯蚓在不同耕作土壤类型中的分布数量

耕作土壤	采集地区	有机质(%)	数量(条/米²)
黑 土	吉林长春	3.01	83
黄 土	辽宁沈阳	0.69	16
夜潮土	北 京	1.2	71
菜园土	北 京	2.31	155
草甸褐土	北 京	1.07	35
白油砂土	山东德州	0.76	67
马肝土	江苏南京	0.65	18
菜园土	江苏南京	2.68	126

续表 4-1

耕作土壤	采集地区	有机质（%）	数量（条/米²）
菜园油砂土	安徽蚌埠	1.15	116
黑油砂土	湖北襄阳	1.47	181
油砂黄土	河南三门峡	0.97	46
黑垆土	陕西武功	1.52	109
苜蓿地红油土	陕西武功	1.52	109
耕作垆土	甘肃天水	0.64	18
耕作红壤	江苏湖口	0.65	17
耕作红壤	福建晋江	1.02	40

注：以深 50 厘米土层内所含蚯蚓的数量作为计算单位

表 4-2　蚯蚓在我国各种自然土壤类型中的分布数量

自然土壤	采集地区	有机质（%）	数量（条/米²）
黑钙土	吉林乾安	4.12	31
草甸黑土	吉林长春	5.68	58
棕壤	辽宁沈阳	1.44	49
山地棕壤	北京妙峰山	3.10	112
山地粗骨棕壤	山东泰山	4.12	39
山地棕壤	湖北神农架	28	18668
山地褐土	山西吕梁山	3.62	71
灰褐土	甘肃子午岭	17	11334
黄褐土	江苏徐州九黑山	2.38	50
黄褐土	湖北李家大山	4.12	176
山地黄棕壤	湖北大洪山	4.0	94
黄棕壤	南京燕子	1.52	20
冲积草甸土	安徽蚌埠	1.45	101

续表 4-2

自然土壤	采集地区	有机质(%)	数量(条/米²)
林地红壤	江西	1.4	65
山地黄红壤	福建清源山	2.20	104
赤红壤	福建厦门	0.87	21

注:以深 50 厘米土层内所含蚯蚓的数量作为计算单位

2. 季 节

(1)蚯蚓活动的季节性变化 在温带和寒带,冬季低温干旱,蚯蚓进入冬眠状态。到翌年开春,随着温度的回升、雨季的来临,蚯蚓苏醒,开始活动。

在牧场,正蚓、红色爱胜蚓、绿色异唇蚓、夜异唇蚓、背暗异唇蚓等,每年 4～5 月及 8～12 月间最活跃;在草地,秋季特别是 10 月最为活跃。在北京,4 月底即可看到环毛蚓解除冬眠而活动,6 月底至 7 月初进入雨季,一直到 11 月初皆为蚯蚓的活动时期。

在热带,蚯蚓活动也局限在一定的季节,如我国云南地区,蚯蚓多活动在雨季的 5 月至 10 月,当土壤含水量降到 7% 以下时,蚯蚓也出现休眠。

从一年四季常见蚯蚓的垂直分布看,在 1～2 月土壤温度大约 0℃时,多数蚯蚓在 7.5 厘米以下;但到了 3 月份,土温升到 5℃ 时,蚯蚓就到 10 厘米深处,多数的绿色异唇蚓、背暗异唇蚓、红色爱胜蚓和长异唇蚓、夜异唇蚓、正蚓移至 7.5 厘米土层中,较大的蚯蚓仍停留在较深的土壤中;6～10 月,除新孵化出的幼蚓外,都移至 7.5 厘米以下;11～12 月,多数蚯蚓又回到 7.5 厘米土层中。促使蚯蚓移向更深的土层的因素是土壤表层的寒冷和干旱。除正蚓外,其他蚯蚓可能在夏季和冬季都要休眠,一般停留在比 7.5 厘米更深的土层下。在夏季休眠的蚯蚓比冬季的更多,几乎所有的蚓茧都发现在 15 厘米顶端的土壤内,而且多数是在 7.5 厘米的顶部。

　　季节变化也会影响蚯蚓新陈代谢的强度。正蚓科蚯蚓在 5~8 月间，由于土壤温度和湿度不适宜，处于滞育状态。而在 9~12 月和 2~4 月，由于土壤温度和湿度比较适宜，蚯蚓代谢活动旺盛，其活动达到高峰。

　　(2) 蚓茧生产的季节性变化　季节变化不仅影响蚯蚓的活动和代谢水平，还影响着蚯蚓的生殖与生长发育。若在人工养殖条件下，如果一年中始终保持适宜的湿度，蚓茧生产就会增多。蚯蚓蚓茧的产量也与土壤的温度呈正相关。蚯蚓在冬季各月生产蚓茧最少，在 5~7 月间生产蚓茧最多。试验证明，蚯蚓产蚓茧有一个温度阈值（8℃），低于 10℃ 就很少产蚓茧。

　　(3) 种群密度的季节性变化　通过调查发现，草地里蚯蚓种群的最大密度是在 8~10 月的秋季，尤以 10 月为最大，在冬季则很小。

　　正蚓、红色爱胜蚓、背暗异唇蚓、夜异唇蚓也在秋季出现最大的种群密度，而在冬季最小，到翌年开春（4~5 月）又迅速激增。说明这 4 种蚯蚓的种群密度大小是随着季节而变化的。

五、蚯蚓生长繁殖对生态环境的要求

(一)蚯蚓生长繁殖与温度、温度及通气性的关系

1. 温度

蚯蚓属于变温动物,体温随着外界环境温度的变动而变动。环境温度不仅直接影响蚯蚓的体温及其活动,而且还影响它新陈代谢的强度,以及呼吸、消化、生长发育、繁殖等生理功能。

一般来说,蚯蚓的活动温度为 5~30℃,最适宜的温度为 20℃左右,在这样的温度条件下,蚯蚓能较好地生长发育和繁殖。20~30℃时,蚯蚓能维持一定的生长;32℃以上时,生长停止;10℃以下时,活动迟钝;5℃以下时,处于休眠状态,并有明显的萎缩现象;40℃以上、0℃以下将导致死亡。另外,温度也对其他生态因子发生较大的影响,间接地对蚯蚓发生作用。温度对蚯蚓生长繁殖影响见表 5-1 至表 5-7。

表 5-1 正蚓科蚯蚓发育的最适温度

蚯蚓种类	最适温度(℃)	蚯蚓种类	最适温度(℃)
红色爱胜蚓	12	红正蚓	15~18
暗背异唇蚓	12	阿氏枝蚓	18~20
绿色异唇蚓	15	深红枝蚓	18~20
蓝色辛石蚓	15	赤子爱胜蚓	25

五、蚯蚓生长繁殖对生态环境的要求

表 5-2 赤子爱胜蚓在不同温度下产蚓茧情况

15 天平均床温(℃)	11	13	15	17	18	21	23	33	35
10 天 20 条蚯蚓产茧个数(个)	6	21	51	86	73	161	148	31	7

(上海市金山县科委)

表 5-3 赤子爱胜蚓产 1 个蚓茧所需时间和蚓茧的孵化率

温度(℃)	11~14	15~17	18~19	20~25	26~28	30~33	34~35
产 1 个蚓茧所需时间(天)	6.92	3.82	1.89	1.42	1.94	4.52	7.48
蚓茧孵化率(%)	94	92	89.4	88	78.2	60.5	41.5

表 5-4 赤子爱胜蚓蚓茧在不同温度情况下孵化所需天数

日平均温度(℃)	10	15	20	25	30	33
蚓茧孵化所需天数(天)	120	35	20	15	11	9.5

表 5-5 赤子爱胜幼蚓在不同温度下成熟期比较

温度(℃)	成熟期(天)		
	最　长	最　短	平　均
5	休　眠		
16	76	49	62.5
20	55	42	51
25	46	38	42
30	38	27	32.5
35	53.5	33.5	44
37	休　克		
41	5~10 分钟即死亡		

表5-6　蚯蚓的有效积温与发育起点温度

发育阶段	发育起点温度(℃)	有效积温(℃)
蚓茧	8	235
幼蚓	5	840
1个世代	—	1075

（上海市金山县科委）

表5-7　蚯蚓在我国某些地区可能繁殖代数与积温的关系

地　区	年平均温度(℃)	年有效积温(℃)	实际繁殖代数
北　京	10	3765	3.5
上　海	15.5	4108	3.9

不同种类的蚯蚓生长发育所需要的适宜温度是不一样的,其最高和最低致死温度也有差异。如环毛蚓的致死高温为37～37.75℃,背暗异唇蚓为39.55～40.75℃,红色爱胜蚓为37～39℃,威廉环毛蚓、赤子爱胜蚓、天锡杜拉蚓为39～40℃,日本杜拉蚓为39～41℃。

土壤温度升高时,由于蚯蚓体表水分的大量蒸发而降温,因此,致死最高温度可适当上升,由于蚯蚓对温度的升高能产生适应性,因此,各类蚯蚓的致死最高温度可适当升高。一般来讲,蚯蚓在0～5℃左右进入休眠状态。进入休眠状态的蚯蚓抗寒能力最强。在冻土层中采集到的蚯蚓多为红色爱胜蚓,另有少数微小双胸蚓及杜拉蚓属种类。

为了使蚯蚓能正常生长繁殖,夏季高温季节要采取降温措施,饲养床上要经常洒水,以降低床内温度,并进行遮盖,如在室外养殖,可把养殖床至于树荫下、荫棚或竹园内,亦可置于防空洞内。这样即使在高温季节,蚯蚓也能正常生长繁殖。

随着冬季的到来,气温逐渐降低,日照渐短,处于自然条件下的蚯蚓就会深入到土壤深层休眠。

2. 湿度

水是蚯蚓机体的重要组成成分(体内含水量75%～90%)和必需的生活条件,因此,湿度(一般指土壤或饲料的绝对含水量)对蚯蚓的新陈代谢、生长发育和生殖有极大的影响,成为蚯蚓生存的限制因子之一。降雨、下雪、刮风、灌溉以及植被状况、大气湿度等,都会影响到土壤及环境的湿度,从而对蚯蚓产生影响。蚯蚓对水分的吸收和丧失,主要通过蚯蚓的体壁和蚓体的各孔道进行。

不同种类的蚯蚓适宜的湿度是不同的,而且往往还因其他生态因子的变化而变化。赤子爱胜蚓适宜的土壤湿度为20%～30%,如栖息于发酵的马粪中,马粪的适宜含水量为60%～70%。在砾石和砂占5%～85%的土壤中,含水量从15%增加到34%时,背暗异唇蚓数量常常增加;当含水量超过34%时,则并不能取得很好的效果。

湿度对蚯蚓生长繁殖的影响见表5-8、表5-9。

表 5-8 饲料含水量对蚓茧孵化的影响

饲料含水量（%）	投入蚓茧数（个）	孵化情况			备注
		已孵化的蚓茧数(个)	已孵出的幼蚓数(条)	每个蚓茧孵出幼蚓平均数(条)	
46.5	20	—	—	—	未孵出
56.5	20	11	26	2.36	
66.5	20	14	44	3.14	
76.5	20				未孵出

（天津饲料所）

表 5-9　饲料含水量对赤子爱胜蚓生产蚓茧及幼蚓生长的影响

饲料含水量（%）	投放量		日　期					累计	收获量	
			22/10	28/10	7/11	14/11	15/11			
	条	克	产蚓茧数（个）						条	克
70	10	6.7	6	9	3	1	0	19	10	10
65	10	6.7	2	4	0	2	1	8	10	10
60	10	6.7	1	3	0	2	0	6	10	10
50	10	6.7	0	1	1	0	0	2	9	8.5
40	10	6.7	0	3	4	0	0	7	7	3.4

3. 通气性

在气体生态因子中，对蚯蚓影响较大的是氧和二氧化碳的含量。因为多数蚯蚓呼吸时要吸入氧气，排出二氧化碳。仅有少数种类栖息在缺氧的生态环境中，进行厌氧呼吸。

在蚯蚓养殖时，要适当通气，以便补充氧气，排出二氧化碳。一般来说，土壤中蚯蚓生存的二氧化碳的浓度极限在 0.01%～11.5%（有的蚯蚓也可在 50% 浓度下生存）。超出此极限时，则蚯蚓出现迁移、逃避等反应，或导致蚯蚓体弱，产生畸形后代。

在蚯蚓养殖中，还要防止一些有毒气体对蚯蚓的毒害。如有的地方为了保温，在养殖蚯蚓的场、室内生炉，由于管道漏烟气，致使蚯蚓大量死亡。这是因为烟气中含有二氧化硫、三氧化硫、一氧化碳等有毒气体的缘故。在饲料发酵过程中，会产生二氧化碳、氨、硫化氢、甲烷等有害气体，当达到一定浓度时，对蚯蚓也有毒害作用，导致其逃逸和死亡。因此，饲料投喂前要充分发酵，发酵后的饲料最好经过翻捣、淋洗或放置一段时间后再用，以让有害气体尽量散失。

（二）蚯蚓生长繁殖最佳温度、湿度和酸碱度

选用赤子爱胜蚓，用牛粪和木屑充分混合发酵作为饲料，观察和比较不同的温度、湿度、pH 值蚯蚓增重、产卵和成活情况。结果表明：

赤子爱胜蚓生长与繁殖的最适温、湿度和 pH 值不完全一致。最适的繁殖条件为 25℃、湿度 70％和 pH 值 6；对于生产增重为主要目的的蚯蚓，其适宜条件是 18℃、湿度 65％和 pH 值 8～9。

蚯蚓对 pH 值适应范围较大，在 pH 值 5～11 范围内均能生存。但出现 pH 值 6 和 pH 值 9 两个峰值，即对酸、碱均有较强适应性，这在其他动物不多见。

（三）蚯蚓在人工饲料中的生活深度

观察蚯蚓在人工饲料中的分布深度和自然界差异很大。在质地均匀的人工饲料中，大平 2 号蚯蚓潜入的深度可达 70 厘米；但 99.2％分布于 50 厘米深度范围内。以高产（群体增重）为目的蚯蚓养殖饲料厚度加大到 50 厘米是可行的。

（四）蚓茧在饲料中的分布规律

观察了在饲料深度 10 厘米、20 厘米、50 厘米三种处理下每 5 厘米深蚓茧的分布情况。结果表明，蚯蚓产卵空间主要在 6～20 厘米深度范围内，在 15 厘米范围内，产卵数随着饲料深度增加而增加。因此种蚓池的饲料厚度以 15～20 厘米为宜。

(五)种蚓放养密度

蚯蚓的养殖密度要适当,如果密度较小,虽然种群内个体间的生存竞争不剧烈,每条蚯蚓的增殖倍数较大,但整个种群单位面积的增殖倍数较小,产量低;放养过多,密度过大,由于食物、氧气等不足,生存空间拥挤,代谢废物积累过多,造成环境污染,致使种群内个体间生存竞争加剧,往往使个体增重下降,繁殖力也随之降低,病虫害与疾病蔓延,死亡率增高,幸存者逃逸等。

为了达到高产、优质、低消耗的目的,要摸索出合理的放养密度,使蚯蚓增殖倍数高,生长发育速度快。对每平方米 5 000 条、10 000 条、15 000 条蚯蚓三种密度下大平 2 号蚯蚓的繁殖性能进行观察,结果表明,种蚓养殖密度、放养成蚓为 $10\,000 \pm 200$ 条/米^2 时,繁殖性能最佳。环毛蚓的养殖密度以每平方米 1 000～1 500 条蚯蚓为宜。如果采用较先进的通气恒温加湿法,为蚯蚓创造更好的生态条件,则养殖密度还可提高。

(六)生产群不同放养密度下生长发育规律

观察 50 厘米厚饲料条件下,不同放养密度蚯蚓从幼蚓到成蚓的个体生长增重和群体生物量增长规律。结果表明:

蚯蚓个体性成熟为 60～70 天,90～100 天个体重达最大值。达性成熟和个体最大重的时间基本与放养密度无关。

随着密度增大,个体重降低。但群体生物量随密度增大而增加。生产群蚯蚓放养密度可以增加到 5.5 万条/米^2,一般管理条件以 3 万～5 万条/米^2 为宜。

蚯蚓增重曲线呈"S"形。在快速增长期与增重缓慢期的拐点处为蚯蚓最佳收获期,此时外部特征为环带刚形成,个体重随放养

密度变化而有变化。5 万～5.5 万条/米² 条件下,个体重 0.38±
0.02 克时收获经济效益最挂。

(七)蚯蚓人工养殖高产饲料因子筛选

1. 蚯蚓对不同处理粪便的自由选食观察

选用牛粪、猪粪、鸡粪、人粪、马驴粪、混合粪,采用自然风干
(15～20 天)、小堆发酵(15 天)、粪便(70％)＋麦秸草(30％)混合
堆积发酵三种方法处理,观察大平 2 号蚓对不同处理方法、不同粪
便的喜食程度。结果表明,蚯蚓最喜食牛粪,以粪便＋麦秸草混合
发酵处理方法效果最好。

2. 最佳氮素料

不同粪便和麦秸草混合发酵对蚯蚓生长、繁殖的影响结果表
明,各种粪便和麦秸草混合发酵后均可作为蚯蚓饲料。最佳氮素
料为牛粪组。90 天试验,繁殖倍数达 20.75,增重倍数为 12.7。

3. 最佳碳素料

以牛粪作为氮素料,以麦秸草、木屑、棉绒棉籽皮、食用菌渣、
果渣、糟渣作为碳素料,分别与之配合。配合比例为牛粪 70％、碳
素料 30％,以筛选出最佳碳素料,组合成最佳蚯蚓饲料配方。结
果表明,以食用菌渣与牛粪搭配组合效果最好。经 90 天试验,繁
殖倍数达 26.2,群体增重倍数达 15.95,个体增重以果渣组较好。

综合上述试验可以看出,牛粪、食用菌渣(锯末)、果渣为蚯蚓
高产饲料因子。这几种饲料搭配,最适宜蚯蚓生长、繁殖。其原因
可能是牛粪比较细密、营养丰富,有害气体和异味较低;食用菌渣
不仅营养丰富,而且与粪便发酵后的饲料松散、质地匀、通气性好;
果渣含有一定量的糖,具蚯蚓喜食的甜味。

(八)不同饲料对蚯蚓生长及蚓体(粪)氨基酸含量的影响

　　不同饲料养殖蚯蚓对生长、繁殖速度有直接影响。然而,不同饲料及其组合对蚓体、蚓粪氨基酸含量有何影响,是筛选高产优质蚯蚓饲料配方中遇到的问题。为此,笔者选用生产中最常用的麦秸草和经筛选出的高产饲料的因子牛粪、食用菌渣。组合成发酵麦秸草、发酵麦秸草＋牛粪、食用菌渣、食用菌渣＋牛粪四种处理。观察蚯蚓生长情况及分析蚯蚓氨基酸含量的差别。结果表明,牛粪＋食用菌渣组合,蚯蚓增殖倍数和增重倍数最高,分别为 12.6 和 15.0,且氨基酸总含量最高;发酵麦秸草效果最差,蚯蚓增殖倍数和增重倍数分别为 4.5 和 7.9。不同饲料对鲜蚓、干蚓、蚓粪氨基酸含量也有影响,呈直线相关。牛粪＋食用菌渣高产优质配方饲养的蚯蚓,干蚓氨基酸含量接近进口鱼粉,优于国产鱼粉;蚓粪氨基酸含量较麸皮低,但某些限制性氨基酸含量高于麸皮,可作为麸皮替代物在畜牧上应用。

六、蚯蚓饲料调配技术

（一）蚯蚓常用饲料

蚯蚓主要以腐烂的有机物为食，只要是无毒、酸碱度不过高或过低、盐度不过高、能在微生物作用下分解的有机物，都可以作为其饲料。包括各种畜禽粪便，酿酒、制糖、食品、制纸和木材等加工后的有机废料，如酒槽、蔗渣、锯末、麻刀、废纸浆、食用菌渣等，生活垃圾、有机废物（如蔬菜、剩余饭菜、废血、鱼的内脏等），以及昆虫的幼虫、卵，动物的尸体，各种细菌、真菌。但是要注意，蚯蚓一般不吃新鲜的植物有机体。

蚯蚓不喜吃太酸、咸、涩、苦、辣的饲料，赤子爱胜蚓类（大平 2 号）多取食发酵腐熟的畜粪、堆肥等含蛋白质、糖丰富的饲料，尤其是腐烂的瓜菜、香蕉皮之类具有甜香味的食物。大平 2 号蚓每天摄食量为自身体重的 0.3～1.0 倍。

蚯蚓常用饲料营养成分见表 6-1。

表 6-1　蚯蚓常用饲料营养成分表

饲料种类	营养成分（%）							
	水　分	粗蛋白质	粗脂肪	粗纤维	无氮浸出物	粗灰分	钙	磷
猪粪（干）	8.0	8.8	8.6	28.6	—	43.8	—	—
马粪（干）	10.9	3.5	2.3	26.5	43.3	13.5	0.07	0.03
牛粪（干）	13.9	8.2	1.0	57.1	13.8	6.0	—	—

续表 6-1

饲料种类	营养成分(%)							
	水　分	粗蛋白质	粗脂肪	粗纤维	无氮浸出物	粗灰分	钙	磷
羊粪(干)	59.9	2.1	2.0	12.6	19.3	9.1	—	—
乳牛粪(干)	5.9	11.9	4.7	18.4	32.9	26.2	—	—
蚕茧(干)	7.0	15.0	5.0	11.8	48.4	14.8	0.19	0.93
糟渣(干)	64.6	10.0	10.4	3.8	6.6	4.6	0.34	0.28
麻酱渣(干)	9.8	39.2	5.4	9.8	17.0	18.8	—	—
麻油下脚(干)	66.4	15.9	2.5	4.3	7.2	3.7	0.55	0.52
豆腐渣(干)	8.5	25.6	13.7	16.3	32.0	3.9	0.52	0.33
草炭(干)	9.4	18.0	1.6	9.4	43.3	18.3	—	—
木屑(干)	11.9	1.0	1.5	49.7	30.9	5.0	0.09	0.02
稻壳(干)	6.6	2.7	0.4	39.0	27.1	23.8	—	—
稻草(干)	18.1	5.2	0.9	24.8	37.4	13.6	0.25	0.09
麦秸(干)	10.2	2.7	0.5	30.7	46.0	5.4	—	—
榆树叶(干)	4.8	28.0	2.3	11.6	43.3	10.0	—	—
家杨叶(干)	8.5	25.1	2.9	19.3	33.0	11.2	—	0.40
紫穗槐(鲜)	75.7	9.1	4.3	5.4	2.7	2.8	0.08	0.40
洋槐叶(干)	5.2	23.0	3.4	11.8	49.2	7.4	—	0.28
野草(干)	7.4	11.0	4.0	28.5	41.2	7.9	—	—
小球藻(干)	27.1	30.0	0.6	—		36.4	2.27	0.05

(二)蚯蚓饲料营养评价

蚯蚓的生长繁殖需要多种营养物质,主要的饲料营养指标是碳氮比(C/N)。所谓碳氮比,是指饲料中所含碳元素和氮元素的比率。通常测定各种饲料的碳氮之比,首先应分别分析各种饲料中的全碳和全氮,然后再求其比。如果不具备条件,也可采用换算的方法来计算。即根据各种饲料的一般营养成分中的粗蛋白质、粗脂肪和碳水化合物(即粗纤维和无氮浸出物之和)的含量,分别乘以全碳和全氮系数,再求其比值。饲料的碳氮比(C/N)之计算公式可以由下式表示,即:

$$C/N = MC_M + HC_H + CC_C/M \cdot N_N$$

式中的 C 代表含量碳,N 代表氮含量,M 代表粗蛋白质含量,C_M 代表粗蛋白质全碳系数,H 代表粗脂肪含量,C_H 代表粗脂肪全碳系数,C_C 代表碳水化合物全碳系数,N_N 代表粗蛋白质的全氮系数。

现可根据上述公式便可计算出各类各种饲料的碳氮比。例如,在计算麦秸的碳氮比时在表 6-1 中可查出麦秸的一般营养成分(表 6-2)。已知粗蛋白质的全氮系数 $N_N = 0.16$,粗蛋白质的全碳系数 $C_M = 0.525$,粗脂肪的全碳系数 $C_H = 0.75$,碳水化合物的全碳系数 $C_C = 0.44$。

表 6-2　麦秸营养成分

营养成分	粗蛋白质(M)	粗脂肪(H)	碳水化合物(C)
麦　秸	0.027	0.005	0.767

将表 6-2 中的数字代入 C/N 计算公式,则可得:

麦秸碳氮比 = (0.027×0.525 + 0.005×0.75 + 0.767×0.44)/(0.027×0.16)≈82.27

常用饲料碳氮比见表 6-3。

表 6-3　常用饲料碳氮比（近似值）

饲料种类	碳素占原料重量（%）	氮素占原料重量（%）	碳氮比	腐熟产热时间（天）
干麦草	46.5	0.52	88	93
干稻草	42	0.63	67.1	80
玉米秆	43.3	1.67	20	75
落　叶	1.00	41	65	—
大豆茎	41	1.30	32	60
野　草	1.54	27	72	—
花生茎叶	11	0.59	19	78
鲜羊粪	16	0.55	29	75
鲜牛粪	7.3	0.92	25	84
鲜马粪	10	0.24	24	90
猪　粪	7.8	0.60	13	60
人　粪	2.5	0.85	2.9	30
纺织屑	54.2	2.32	23.3	110
山芋藤	29.5	1.18	25	80

　　目前人工养殖的大平 2 号蚯蚓对碳氮比的要求在 20～30 之间。饲料中的蛋白质（氮素）含量不能过高，过高反而会有害。因为蛋白质分解时会产生恶臭气味和氨气，对蚯蚓生长不利。因此，氮素饲料（粪料）不宜单独使用，必须适量搭配碳素饲料（草料），使碳氮比调整在 20～30 之间。碳素饲料也不宜单独使用，由于营养不全面，也不利于蚯蚓生长繁殖。

　　蚯蚓饲料搭配的基本原则是：碳氮比例要合理，一般粪料60%、草料 40%，品种尽量多种多样。蚯蚓是杂食性动物，要求营养丰富的有机物质。其生长繁殖速度很大程度取决于氮素营养，特别是有效氮。

（三）蚯蚓饲料配方

由于不同的饲料所含的营养成分和碳氮比不同，蚯蚓对饲料的取食和消化吸收率也不同，直接影响蚯蚓的增重、产茧量和繁殖率（表6-4至表6-6）。例如，用牛羊粪比用粗饲料和燕麦秸喂养蚯蚓所产的蚓茧数量要高出几倍到十几倍，说明腐烂或发酵后的含氮丰富的有机食料（如牲畜粪便），比植物性含氮少的有机食料（如麦秸等），更能促进蚯蚓生长和繁殖。因此，养好蚯蚓，必须对饲料进行科学配制，做到就地取材、废物利用，减少成本。

表6-4 不同饲料配比对赤子爱胜蚓（大平2号）增重情况的影响

饲料配比（%）	pH值	时试			终试			总增重（克）	平均增重（克）	增重倍数	温度（℃）
		条	重（克）	平均重（克）	条	重（克）	平均重（克）				
牛粪100	7.6	10	0.50	0.05	10	5.0	0.5	4.5	0.45	9.0	24～26
木屑100	5.2	10	0.50	0.05	10	0.80	0.08	0.30	0.03	0.6	24～26
牛粪60 蔗渣40	7.3	10	0.50	0.05	10	6.5	0.65	6.0	0.6	12	23
牛粪60 蔗渣35 废牛奶5	6.4	10	0.50	0.05	10	7.9	0.79	7.4	0.74	14.8	25
河泥100	6.8	10	0.50	0.05	10	0.9	0.09	0.40	0.04	0.8	25
猪粪40 废渣60	7.1	10	0.50	0.05	10	3.0	0.3	2.5	0.25	5.0	25～26
废纸40 牛粪60	7.3	10	0.50	0.05	10	5.5	0.55	5.0	0.50	10.0	24～26

表 6-5　不同饲料配比对赤子爱胜蚓(大平 2 号)产茧的影响

饲料配比（%）	pH 值	试验量			蚓茧数（个）	平均产蚓茧（个）	产一粒蚓茧所需时间（天）	蚓茧平均重（毫克）	温度（℃）
		条	重（克）	平均重（克）					
牛粪 100	7.3	10	4.5	0.45	166	16.6	1.8	18	24
木屑 100	7.8	10	4.5	0.45	25	2.5	12	16.3	24
蔗渣 40 牛粪 57 废牛奶 3	6.2	10	4.5	0.45	214	21.4	1.4	23	23
河泥 100	7.4	10	4.5	0.45	50	5.0	—	16.8	25
猪粪 40 蔗渣 60	7.2	10	4.5	0.45	75	7.5	4	17.4	25
废纸 40 牛粪 60	7.3	10	4.5	0.45	143	14.3	2.1	20.2	24
牛粪 60 蔗渣 40	7.3	10	4.5	0.45	190	19	1.6	21	23

表 6-6　不同饲料配比对赤子爱胜蚓生长繁殖的影响

饲料配比（%）		收获量		获时单位面积重量（克/米²）	增殖倍数	增重倍数
牛粪	纸浆泥	数量（条）	重量（克）			
20	80	1036	250	1250	6.0	5.0
40	60	1245	280	1400	7.3	5.6
50	50	2160	449	2245	13.3	9.0
60	40	1435	310	1550	8.6	6.2
80	20	1260	300	1500	8.4	6.0

蚯蚓饲料常见配方:①牛粪 100%；②牛、猪、鸡等各种禽畜类

便混合共 100%；③牛粪 20%＋猪粪 20%＋鸡粪 20%＋稻草40%；④各种禽畜粪便 60%～70%＋草类（即杂草、稻草、树叶、锯末、粗糠、碎蔗渣、农作物茎叶等）30%～40%，草类要另行沤制腐烂，以免发热；⑤牛粪 50%＋纸浆污泥 50%；⑥马粪 80%＋树叶烂草 20%；⑦鸡粪 60%＋菜园土 40%；⑧食用菌渣 70%＋猪粪30%；⑨草菇渣 80%＋牛粪或猪粪 20%；⑩生活垃圾 70%＋畜粪30%。

（四）蚯蚓饲料堆制技术

用作蚯蚓的饲料的有机废物必须经过堆制发酵后，使之分解，达到无酸、无臭、无不良气味，蚯蚓才能吞食利用。如果用没有充分发酵的饲料作为蚯蚓的饲料，会使蚯蚓大量死亡。因此，搞好饲料的发酵，是人工养殖蚯蚓的关键。一般有机废物经过 3～4 次的翻堆腐熟后，就可作为蚯蚓的饲料。

1. 堆制原理

饲料堆腐过程是利用微生物分解有机物质的生物化学过程，大致可分为 3 个阶段。

(1)前熟期(糖类分解期) 堆积的有机废物经过 3～4 天后，里面的碳水化合物、糖类、氨基酸、蛋白质等被高温微生物利用，温度可上升至 50～60℃之间，大约 10 天后，温度开始下降；半个月左右可翻堆 1 次，并添加水分，保持水分在 60%～70%之间，同时改善空气条件。

(2)纤维分解期 这个时期系高湿低温发酵阶段，含水量大约70%，纤维素细菌开始分解纤维素，经过半个月左右，再翻堆 1 次并补充水分。

(3)后熟期(木质素分解期) 主要由真菌参与分解，发酵物质为黑褐色的细片。在发酵过程中，各种微生物交互出现、死灭，微生物数量趋于衰减,微生物遗体也是蚯蚓的好饲料。

2. 堆制方法

发酵前,所用的畜禽粪便,如马粪或猪粪,都要经过洒水、捣碎;农作物秸秆,如稻草或麦秸,最好用铡刀切成 6～9 厘米长,再浇水搅拌均匀,使其充分湿润,然后在地面堆制。

堆制时,采用一层秸秆(约 20 厘米厚)、一层牲畜粪(约 10 厘米厚),逐层堆积,依次类推,堆积 1 米高左右,长度不限。期间充分洒水,使之含水量为 50%～60%。要求堆料松散,不要压实,以利高温细菌的繁殖。可用塑料布覆盖料堆,以达到保温保湿之目的。

15 天左右翻堆 1 次,把上面的堆料翻到下面,四周的堆料翻到中间,并把堆粪抖松拌匀,添加水分,达到促进微生物繁殖和堆料腐熟的目的。

如果要在发酵过程中添加 EM 活性菌剂,则应先将稻草、秸秆切成小段,铺一层厚 10～15 厘米的干料,然后在干料上铺一层厚 4～6 厘米的粪料,重复铺 3～5 层,每铺一层都用喷水壶喷水,同时将 EM 活性菌加入粪料中。1 吨粪料需要 EM 5 千克,对水 100 千克左右(在水中加入 1 千克红糖效果更好),以有水渗出为度。若使用垃圾,一层垃圾一层粪,长、宽不限,并用薄膜盖严。在气温较高的季节,一般第二天堆内温度即明显上升,4～5 天可升至 60～70℃,以后逐渐下降。当堆温降至 40℃ 时(这个过程需要约 15 天),则要进行翻堆,把上面翻到下面,两边翻到中间,堆放好再加入 EM 稀释液。此后只需翻一次堆或不翻堆,两周以内发酵即可完成。如果 100% 用粪料,先把粪料晒到五至六成干,然后架堆、淋水,加入 EM,然后用薄膜盖严,过 10～15 天扒开,淋水,散热后即可使用。发酵草类,一定要挖坑或集堆渗透沤制,要堆沤至腐烂才可使用,以避免第二次发热。

蚯蚓饲料要求的适宜 pH 值为 6～7.5,但很多动植物废物的

pH 值往往高于或低于这个数值。例如,动物排泄物的 pH 值是 7.5～9.5。因此饲料发酵好以后,要测试 pH 值,并进行适当的调节,使其接近中性,以适合蚯蚓生长。在粪料中加入 EM 菌后,其 pH 值会自然降至 6.5～7.5,不必调节。

当 pH 值超过 9 时,可以用醋酸、食醋或枸橼酸作为缓冲剂,添加量为饲料重量的 0.01%～1%。添加量太小,则效果不大;但是超过 1%,则会使蚯蚓产茧率急剧下降。当饲料 pH 值为 7～9 时,可用饲料重量 0.01%～0.5%的磷酸二氢铵调节,但不可超过 0.5%,否则也会导致蚯蚓茧产量的下降。当饲料的 pH 值为 6 以下时,可添加澄清的生石灰水。

3. 饲料鉴定及试喂

发酵后的饲料用感官即可鉴定,如饲料色泽黑褐,无异味,质地松软,不黏滞,即为发酵良好。

饲料发酵过程中产生的有害气体,会有少量溶于饲料的水分中。此外,由于饲料来源复杂,可能含有某些无机盐和农药等。因此,投喂前应将饲料堆积压实,用清水从料堆顶部冲洗,直至料底有水淌出。

在喂养前,要进行试喂:饲料经过冲淋后,使水分适当蒸发,取一小部分置于饲养床上。经 1～2 昼夜后,如有大量蚯蚓进入栖息、取食,并无异常反应,则说明饲料适宜,可正式大量投喂。

七、蚯蚓规模化养殖技术

在养殖前,要根据养殖的目的和实际情况选择养殖蚓种。因为不同种类的蚯蚓对周围环境的选择和适宜情况不同,往往各有优缺点。如环毛属蚯蚓、背暗异唇蚓、赤子爱胜蚓、红正蚓等,生长发育快,较易饲养,用途较大;特别是赤子爱胜蚓,不仅易饲养,繁殖能力强,而且蛋白质含量高,可做人类的美味食品。至于药用,长久以来,人们多用直隶环毛蚓、秉氏环毛蚓、参环毛蚓和背暗异唇蚓等蚓种。若要利用蚯蚓来改良土壤,更应该根据当地自然条件,因地制宜选择蚓种。如微小双胸蚓、爱胜双胸蚓等,适宜在pH值3.7~4.7的酸性土壤中生活,而且耐寒、喜水,因此可用来改造北方土壤偏酸、含水量大、阴凉的泥炭沼泽地。水位低的地方,可以考虑饲养耐旱的杜拉蚓。在砂质土壤地区,可养殖湖北环毛蚓和双颐环毛蚓。

目前,我国人工养殖的蚯蚓种类,主要是赤子爱胜蚓和威廉环毛蚓。尤其是赤子爱胜蚓,虽然个体中偏小,但生长期短,繁殖率高,食性广泛,便于管理,饲料利用率高,经济效益高,无论在室内室外均可人工养殖。威廉环毛蚓个体中等大小,分布广,生长发育较快,个体粗壮,抗病力强,尤其适合大田养殖,即在农用饲料地、果园等大田上种植物、下养蚯蚓,双层利用土地。从日本引种的大平2号和北星2号经鉴定与我国的赤子爱胜蚓同属一种,为优良的养殖品种,但由于引进时间较长,出现了近亲交配、后代衰退现象,主要表现生长缓慢,个体细小,产卵少,生活力低,导致生产力下降,需进行提纯复壮。

蚯蚓养殖的具体方法或方式应根据不同的目的和规模大小而定。下面介绍几种现在普遍采用的方法:

（一）大田养殖

此法适于野外大面积养殖。施行土地双层利用,既就近利用了果园、林地、作物的落叶、枯根、杂草、农家肥料等有机物,还可充分利用园林、大田作物为蚯蚓栖息提供的有利条件。因有自然荫蔽的小气候条件,对蚯蚓生长繁殖更为适宜。在这种环境下生长、繁殖的蚯蚓,比室内温度较恒定生长的蚯蚓身体更粗壮,生活力更强。同时,还能利用蚯蚓改良土壤,使动植物共生,促进农林业增产。成本也较为低廉。因此,这种方法值得大力提倡和推广。但这种养殖方法受自然条件影响较大,单位面积产量较低。

园林中养殖,宜在开春以后,在果树或其他林木行间开沟,沟内铺放饲料,投入种蚓(或诱集野生蚯蚓),覆土填平。要经常保持沟内饲料的湿度。沟的宽度要视林木行距和饲料的多少而定,深度要视地下水位的高低、土壤干湿等情况而定。

值得注意的是,在橘、美洲松、枞、橡、杉、水杉、黑胡桃、桉等林地中,不宜放养蚯蚓。因为这些树的落叶一般都不易腐烂,且多含有芳香油脂、单宁酸、树脂和树脂液。这些物质对蚯蚓有害,能引起蚯蚓逃逸。

在桑林中养殖,桑田行距一般为 1.3 米,在行距中心挖 35～40 厘米宽、15～20 厘米深的行间沟,填入饲料后,养殖环毛属蚯蚓,每 667 米² 桑田可年产蚯蚓 20 余万条,桑叶增产近 1 倍。

农田养殖,可结合作物栽培同时进行。在一般情况下,栽培多年生作物的农田比一年生作物的农田更适宜放养蚯蚓。叶面遮荫多、水肥条件好的农田养殖效果更好。

春季选择常年青绿饲料地块,开沟投放饲料,然后投入蚓种。聚合草为多年生阔叶青饲料,其生长期与自然环境中蚯蚓的生长期基本相同,所需湿度也近似。夏季聚合草生长旺盛,叶片可为蚯蚓遮荫避雨。还可以在大行及田地四周种植向日葵遮荫。当气温为 34～38℃时,蚯蚓在作物根部 5～8 厘米深处活动;而没有作物遮荫的,蚯蚓则钻入 30～40 厘米深处活动。枯黄落叶蚯蚓可食。大雨冲击时,蚯蚓可爬到作物根部躲避。一般全年每 667 米² 可产环毛属蚯蚓 1 000～2 000 千克,聚合草也得到增产。

具体做法是:大田周围挖好排水沟,以保持排水畅通。行距一般为 35 厘米,在行距中央开宽、深均为 15～20 厘米的土槽,然后投入饲料,放养种蚓。

夏季收割聚合草时,要注意隔行采收,尽量保持蚯蚓的避光条件。另外,在甘薯、蚕豆、棉花、白菜、小麦、玉米等作物的农田中,都可以放养蚯蚓。有的农田可采用饲料与土壤混合的方法(随耕地施基肥时进行),结合作物收获翻地时收获蚯蚓。

(二)高密度养殖

1. 半地下池养殖法

(1)修好蚯蚓池 采用半地下式,在地面向下挖 0.5 米深,地面上修砌 20～30 厘米,四周用砖砌(不用灰、泥灌缝),下面是土底,上面盖细铁丝网、牛毛毡或黑色塑料薄膜,以防老鼠、蟾蜍等天敌,并起到遮光和防雨的作用。大平 2 号蚯蚓对适宜的湿度、新鲜的食料和食料中 20℃ 左右的温度层有明显的趋性,且群聚性强,当这些条件基本满足时,其是不会逃逸的。池底无需铺砖或塑料薄膜。因其仅能起到保湿作用,但在冬季却阻止了蚯蚓向土壤深处避寒移动,往往会造成大量死亡。

(2)保持适宜的温度 冬天增加饲料厚度(30 厘米以上),增盖麦草、草帘和塑料薄膜,10 多天加水 1 次,20～30 天加 1 次新料,防寒保温,做好越冬保苗工作;夏季减少饲料厚度(20～30 厘米),遮荫和勤浇水以调节温度,蚓床内温度夏天不超过 30℃,冬天不低于 10℃,以利于蚯蚓的生长和繁殖。

(3)保持适宜的湿度 蚯蚓靠皮肤吸收溶解在水中的氧气进行呼吸,因此湿度不足时会导致不能正常呼吸,从而引起死亡。夏季一般 1~2 天于傍晚浇水 1 次,秋冬季 3~7 天浇水 1 次。以手握饲料指缝中有水,但水不滴下为宜。若湿度过大,蚯蚓会逃走或死亡。

(4)密度适宜,及时添料 蚓床接种量以每平方米 600 条(重约 300 克)为宜,生产群密度一般 1 万~1.5 万条为宜。密度过大则生长不好,孵化率低。

养殖过程中需及时添加经过发酵的混合饲料,以满足蚯蚓生长繁殖对养分的需要。当发现饲料像糟粕一样,有些蚯蚓已钻进砖缝时,说明饲料缺乏,需要添加新料。添料时,先把旧料连同蚯蚓堆向一边,在露出的空床上加新料。待蚯蚓进入新料时,再在旧料上铺少量新料。待卵孵化后,将上部蚯蚓连同新料取走,旧料可作鸡饲料或肥料。一般 7~10 天加新料 1 次,每次 8~10 厘米厚。

2. 肥堆养殖法

此法多用来诱集野生种蚓,也可投放种蚓进行人工养殖。具体方法是:取农家肥、土壤各 50%,两者混合或分层(肥料和土壤均为 10 厘米厚,交替铺放),堆成 1~2 米宽、0.5 米高、长度不限的肥堆。一般堆放 24 小时后,每平方米可诱入蚯蚓几十至几百条。

采用此法养殖,蚯蚓增重较快。据试验,6 月中旬经 10 天养殖,体重可增加 60%~100%,环带显著。在 4~10 月间比较适于室外养殖。

3. 大棚养殖技术

养蚯蚓的塑料大棚与冬季栽种蔬菜的塑料大棚相似。棚体内设养殖床。但塑料大棚造价较高,适于大规模机械化养殖。条件较好的城郊、养鱼场、养禽场均可建造。

棚体构造及规格可因地制宜,就地取材。常用型号一般有 25 型、30 型、50 型和越冬型等几种。

30 型塑料大棚长 30 米,跨度为 6 米,最高点不宜超过 2 米,棚内两侧各为 2 米长的饲育床,中央留 2 米通道。地面可铺设水泥或三合土,棚顶为弧形,上覆盖带色无毒塑料薄膜。大规模饲养时,同型号的塑料棚应并排连在一起,这样,既节省劳力,又便于管理。一般 8 个并排的塑料棚可安排 2 人饲养管理。据测算,30 型塑料棚 8 个,月产成蚓约 20 吨,蚓粪 10 吨。

塑料棚受外界气温影响较大,冬季要采取保温措施:第一,增加光照。入冬前,应把带色塑料薄膜改为透明膜。第二,棚外加设风障,薄膜上加盖蒲帘,棚体衔接处要严密。第三,棚内可设小拱棚,罩严饲育床。第四,在拱棚内每 $1 \sim 1.5$ 米^2 设红外线保温灯 1 盏。第五,把养殖层加厚到 $40 \sim 45$ 厘米,变为平槽堆放。这样,当棚外气温在 $-14 \sim -16℃$ 时,棚内气温一般为 $-4 \sim -7℃$,拱形小棚内温度为 9℃,床温为 8℃,能保证赤子爱胜蚓正常生长,安全越冬。

夏季棚内气温较高,要采取降温措施:第一,避光降温,换成蓝色塑料薄膜,棚外可盖苫布,棚顶内侧增加牛皮纸隔离层。第二,当棚内温度超过 30℃ 时,可将塑料薄膜裙边敞开 1 米高,以利通风降温。第三,棚内经常洒水。

为了降低棚体造价,可采用各种简易大棚。

塑料大棚养殖蚯蚓的管理措施:

(1) 挖坑上料 为了提高饲育床的温度,宜在棚内挖深 20 厘米。例如 12 月、1 月、2 月的月平均气温分别为 6.2℃、3.3℃、4.6℃(上海地区);而 20 厘米深的地下月平均气温为 9.1℃、5.3℃、6.7℃,地温比气温高 $2 \sim 3℃$。

入冬,可在棚底铺上厚 $7 \sim 10$ 厘米的纤维料,如木屑、刨花、杂草、生活垃圾,使地面和床面隔开,起到增高床温的效果。由于地面和床面之间加入了一层热传导非常困难的空气层,白天热量不会一直下传。因此,白天对床温有积蓄作用,夜间有增温效果。如果在纤维料中加一些鸡粪、马粪等发热材料,效果就更为明显。国外有用泡沫聚氯乙烯板等隔热材料代替上述纤维料的报道,有同样的增温效果。

加入纤维料后加水,让其缓慢发酵 10～15 天,以排除有害气体。然后在纤维料上加厚为 5～10 厘米的半腐熟料,其配比为粪料 65%,纤维料 35%。拌和后加水堆制,作第一期发酵,腐熟后可拆堆使用。

(2) 利用饲料发酵热 在寒冷季节,环棚日夜温差较大,可以利用饲料发酵热自动增温。饲料只做 1 次发酵,呈半腐熟时使用。

低温季节发酵料应多加,反之则应减少。11 月至翌年 2 月,发酵料逐步加厚至 30～80 厘米。加料时,应抖松喷水。天冷时,多加牛、猪、鸡粪便;天气转暖时,可增加杂草、木屑等纤维料。采用这种方法可以使料温稳定,受气温影响小,当气温下降到 -4 ℃时,床温仍可保持在 22～25 ℃之间。

(3) 电加热线增温 遇到严寒天气及较长时间的大风或降雪时,尤其是在东北地区,需用电加热线临时提高床温。

电加热线是一种地下加温的方法,可把加热线埋入饲育床底,如与饲料发酵热并用,可降低成本。

(4) 加水调温 晴天应在上午 10 时左右喷水 1 次,天热多喷,天冷少喷,喷后将环棚两端封住,以达到增温效果。喷水后,棚内水汽蒸发,造成闷热状态,使床温提高。另外,水的热容量比土壤的热容量大 2 倍,比空气的热容量大 3 000 倍,水的保热本领是土壤的 25 倍,所以喷水后,水汽蒸发吸收了大量太阳能(每蒸发 1 克水约需 2 500 焦辐射热),从而增加了环棚的保热能力和热容量,提高了夜间的床温。

(5) 双重覆盖保温 棚体和饲育床采用不同保温材料覆盖,一般可使床温提高 20℃ 左右。塑料棚冬季增温效果明显,一般比日平均气温提高 5～15℃,其增温原理与玻璃房相似。

塑料棚养蚯蚓也有不足之处。

其一,气温高、地温低。在冬季,塑料棚内的温度难于稳定在蚯蚓生活所需的最适温度。

其二,早、午、晚温差较大。和棚外气温相比,早上高 1～3℃,中午高 10～15℃,夜间高 5～8℃,温差变化较大,对蚯蚓生长、繁殖有一定的影响。

其三,易受天气影响。晴天增温明显,阴天增温效果较差。棚内气温随外界气温升降、日照强弱有明显变化。

其四,地面易发冷。"玻璃温室地暖,塑料温室地寒",是有道理的。塑料棚的地温几乎全靠太阳照射。土壤表面热了之后,地面的大量热量从土表向深层传导,使土温逐渐升高。因此,土温受气温影响较大。地温升高 1℃,与气温升高 2～3℃ 的热能相等,而地温又不能保持,很快向地下传导,并向外辐射,特别是在晴天的夜间,地面不断把热量散发到大气中,每平方米面积每小时释放热量 300～420 千焦,造成逆温差现象,在较小的环棚内特别明显。

为了适应蚯蚓生长、繁殖的要求,使床温保持在 16℃ 以上,并达到昼夜大体均衡,需要扬塑料薄膜之长,避其之短。因此,要在养殖实践中不断研究探索,以采取有效的管理措施。

(三)立体养殖

1. 室内箱养

一般采用箱养,饲养箱可用木质包装箱、塑料食品箱或用废旧木材、竹、柳条制作。杉木、芳香性针叶木料及含单宁酸或树脂液的木料,对蚯蚓有害;含铅的油漆或杂有酚油的材料,对蚯蚓也有害,均不能用来做饲养箱。箱大小、形状不定,每个箱面积以不超过 1 米² 为宜,便于移动和管理。

养殖箱的长、宽、高一般有下列几种规格:50.8 厘米×35.6 厘米×15.2 厘米、60 厘米×30 厘米×20 厘米、60 厘米×40 厘米×20 厘米、60 厘米×50 厘米×20 厘米、60 厘米×50 厘米×25 厘米、40 厘米×20 厘米×30 厘米、40 厘米×35 厘米×30 厘米。

箱底和箱侧要有排水、通气兼用孔,两侧要有拉手把柄对称,饲料厚度一般不要超过 20 厘米,冬季可适当加厚。装料太多,易使通气不良;装料太少,饲料易于干燥,影响蚯蚓生长和繁殖。饲料表面要覆盖塑料薄膜、废纸板或稻草,可接露水,使饲料保持湿润,减少饲料中的水分蒸发。

箱孔的大小,以直径 0.7~1.5 厘米为宜,其面积可占箱壁面积的 20%~35%。箱孔除通气排水外,还可控制箱温不致因饲料发酵而过高。同时,部分蚓粪也会从箱孔掉落,便于蚓粪的分离。

将养殖箱层叠起来,就变成了立体箱式养殖。这可充分利用空间,增加饲养量,便于管理,适于专业化常年养殖。床体结构可用角铁焊接或竹木搭架,将养殖箱置于床上,一般以 4~5 层为宜,床间设有作业道,宽 1.5 米。室内门两侧可设 50 厘米×25 厘米的进气小门,屋顶设排气风筒一个,以利室内气体交换。冬季可利用附近工厂的蒸汽余热等热能调节气温,一般可保持在 18℃左右。室中间可安装电灯或日光灯,供夜间照明,防止蚯蚓逃逸。

室内箱养法的养殖密度,一般应掌握在每平方米 5 000~10 000条,饲料层上覆盖一层聚乙烯塑料薄膜,以减少水分蒸发。当冬季室外温度降至 -1℃时,要及时启用加温装置,使室温升到 18℃左右,并相对保持稳定。室内气门每天可开 2~3 次,以保持空气清新。在夏季,要打开全部气门,经常用凉水喷洒饲料层和地面,降温保湿。随着蚓体的生长,可适当减小箱内蚯蚓的养殖密度。在 60 厘米×40 厘米×20 厘米规格的箱中,开始时,每箱可放养 2 000 条,在较佳的温度(20℃)、湿度(75%~80%)条件下,养殖 3~5 个月后,可增至 18 000 条。

箱筐层叠和上架时,上下、左右之间空隙以 5 厘米为宜,以利空气流通。

这种养殖方法的优点是:占地面积小,使用人力少,便于管理,生产效率比平地养殖高。如果养殖规模再大,可采用室内立体层床养殖。

2. 室内立体层床养殖

该法可进一步降低生产成本,减轻劳动强度,有利于蚯蚓四季生长。产量比平养法增加 2~3 倍。

(1)立体层床建造 一般为左、右双行,每行宽 1 米,长度视房间深浅,中间留人行道。建造的主要材料为砖块、水泥、砂石,底层泥拍实即可。一般以 6 层为宜,太高不便操作。每层间隔高度,从下而上逐层减低,如 1、2 层 40 厘米,3、4 层 35 厘米,5、6 层 30 厘米。总高度 210 厘米。

从第二层起,用长 105 厘米、宽 50 厘米、厚 5 厘米的水泥板 2 块平行铺放。每层左、右间隔 1 米。两头用砖向上垒出空洞,以利通风。为节约成本和便于砌筑搬动,在浇水泥板时,可用 105 厘米长、手指粗细的篾条 4 根代替钢筋结扎。每块水泥板的重量控制在 35 千克左右,浇制时水泥、砂、小石子配比为 1:3:5。

建成的立体层床似中药房的药柜,每间饲料床面积为 1 米^2。在层床前面(人行道两边)需垂挂长 210 厘米、宽 100 厘米左右活动的有色窗帘或有色塑料薄膜,以遮光挡风,为床内的蚯蚓创造阴暗、安静的栖息环境。

(2)管理要点

①加料 第一次饲料厚度,一般料每床 10~15 厘米,统糠料 8~12 厘米。用统糠料养殖蚯蚓效果很好。其制作方法是:清水 50 千克,统糠 20 千克,尿素 0.1 千克。先将尿素溶解在水中,再加入统糠拌匀,经 7 天左右(夏季稍短,冬季稍长)发酵即成。饲料

放入层床耙平后,放入种蚓 1 000～2 000 条。加料时,要等料面粪化,刮掉蚓粪后进行。每次加料厚度,一般料 5 厘米,统糠料 3 厘米。全年养殖蚯蚓时,加饲料要掌握薄料多施,夏薄冬厚,春秋适量。

②保湿　在饲料上盖一张 1 米² 左右、两边有竹条固定、能卷展的饲料薄膜,起保湿作用。如果需要洒水,宜用喷雾器,力求喷洒均匀。

③收粪　为便于收粪,可在料面上、塑料薄膜下平放几根 1 米长的竹枝或篾条,这样在刮蚓粪时,只需将刮片(任何硬片均可)与其呈"卅"形,便可将蚓粪一次刮至床沿,装入盛器。

其他管理同常规饲养。

(四)生态养殖

近年来,应用畜牧生态工程——在畜牧养殖中加入(或建立)新的食物链环节,使单一养殖结构转变为复合养殖结构,实现农业动物群落的综合化,建立以持续、高效生产动物产品为目的的农业生态系统,在世界各国广泛展开。发达国家的工厂化畜禽饲养场都纷纷通过添加将畜禽粪转换为生物气和补充饲料的发酵工程,向大型畜牧业生物能联合企业发展。一些发展中国家的新建畜牧场,一开始就走畜牧生态工程的道路,大大加快了畜牧业的发展。

由于蚯蚓养殖对条件要求不严,操作简单;其饲料是常见的作物秸秆、枯枝落叶、杂草和农家肥、牲畜粪便等;而且蚯蚓含有很高的蛋白质,在干物质中的含量高达 70％ 左右,蛋白组成中的精氨酸含量为花生蛋白的 2 倍、鱼蛋白的 3 倍,色氨酸含量为动物血粉蛋白的 4 倍、牛肝的 7 倍;蚯蚓粪中也含有大约 22.5％ 的蛋白质。因此,蚯蚓和蚯蚓粪均可供畜、禽和鱼类食用。用含有蚯蚓(粪)的混合饲料喂畜禽,生长快,发育健壮,疾病少,死亡率低,而且畜禽产品质量大大提高。

　　将蚯蚓这种高蛋白饲料资源引入养殖业生态工程系统加以开发和利用,具有投资少、耗能低、无污染、效益高等优点。蚯蚓作为"增益环",与农业畜牧生态系统的其他食物链环节连接起来,形成以生产畜产品为主、兼顾环境效益的综合养殖生态系统(图7-1)。常见的模式如秸秆喂牛—牛粪作食用菌培养基—食用菌渣养蚯蚓—蚯蚓喂鸡—鸡粪喂猪—猪粪肥田,粮食喂鸡—鸡粪喂猪—猪粪养蚯蚓—蚯蚓养鱼—塘泥肥田。

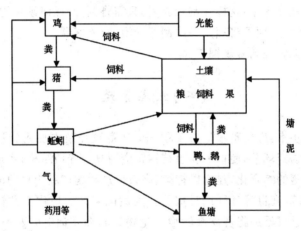

图7-1　蚯蚓在生态养殖中的作用

　　早在20世纪70年代,饲料、家畜、沼气的复合畜牧生产模式在我国农村和城镇郊区开始盛行,各种小型沼气池相继建立,沼气燃料也广泛应用起来。我国曾有"沼气之乡"的美誉。最典型的例子就是北京郊区大兴县留民营村,用混合畜粪发酵制沼气,然后综合利用沼渣肥田,形成了复合农牧生产系统。江苏里下河地区农科所承担的"蚯蚓生态链控制畜粪污染产业化示范项目",采取蚯蚓三群分养规模养殖技术,每667米^{2}不但可消化30头奶牛产生的粪便,每年还可采收 2 500 千克蚯蚓。该所研制的蚯蚓型奶牛健体增乳饲料添加剂,可使中低产奶牛乳量提高 5%~10%,从而形成了一条牛粪—蚯蚓—奶牛饲料高效生态链。

随着畜禽养殖业的不断发展,饲料尤其是蛋白质饲料不足,以及畜禽粪便对环境的污染问题日益严重,寻求廉价的蛋白饲料和粪便无害化,成为畜禽养殖业面临的亟待解决的问题。而蚯蚓自身的特点及其在处理有机废物方面的高效、无二次污染等诸多优点,使其在畜牧业和环保领域的应用前景更加广阔。

1. 蚯蚓立体养殖类型

按照与蚯蚓养殖结合的作物种植、畜禽饲养和池塘养鱼种类不同,可以区分为以下 3 种立体养殖类型。

(1)蚯蚓在渔、农综合经营中的应用 主要有鱼—陆生作物(或饲草)、鱼—蔗、鱼—果、鱼—花等综合经营类型,蚯蚓以"转化器"的作用,把水陆连成营养链。例如,鱼—陆生作物综合经营,作物秸秆和鱼塘泥都是副产品,利用作物秸秆和鱼塘泥养殖蚯蚓,既处理转化了这些废弃物,又为养鱼提供了优质动物饲料蛋白,蚯蚓粪返田,促进作物生长;鱼—蔗综合经营,是在鱼池边种甘蔗,塘泥作蔗地的肥料,蔗叶和蔗尾(顶端幼嫩部分)喂鱼外,其他废弃物用于养殖蚯蚓。这种类型在广东最为普遍,当地称"蔗基鱼塘"。蚯蚓粪作为鱼池堤面种各种果树或花卉(或盆花、苗木等)的肥料,堤面土壤中的部分有机质和养分,随降水形成的径流,又以泥沫的形态返回鱼池。这样,堤面和鱼池中的物质,周而复始地循环,构成水、陆相互作用的复合人工生态系统。

(2)蚯蚓在渔、牧综合经营中的应用 主要有鱼—畜—蚓—鱼,鱼—禽—蚓—鱼等综合经营类型,各地采用较为普遍。在池边或池塘附近建猪舍、牛房或鸭棚、鸡棚,饲养猪、乳牛(或肉用牛、役用牛)、鸭、鸡等。利用畜禽的废弃物养殖蚯蚓,构成高效生态链,使养鱼和畜禽饲养协调发展,降低生产成本,并减少了对环境的污染。在鱼、畜、禽结合中,有的还采取畜禽粪尿的循环再利用,如将鸡粪作猪的饲料,再用猪粪养蚯蚓,以节约精饲料。

(3)蚯蚓在渔、牧、农综合经营中的应用 以蚯蚓为核心,将渔、农、牧的形式结合起来,以进一步加强水陆相互作用和废弃物的循环利用。主要有鱼—畜(猪、牛、羊等一种或数种)—草(或菜)—蚓,鱼—畜禽—草(或菜)—蚓—鱼—桑蚕等综合经营类型。前2种类型在各地较为普遍,都是以草或菜喂鱼和畜禽,畜禽粪用来养殖蚯蚓,蚯蚓用于养殖或进行更多层次的综合利用。如牛—菇—蚓—鸭—鱼类型是利用乳牛粪种食用菌,牛尿养鱼,蘑菇采收后的菌渣用来培养蚯蚓,蚯蚓养鸭,鸭粪再养鱼。鱼—桑—蚕类型因要求的条件较高,故分布不及前2种普遍,过去主要集中在珠江三角洲和太湖流域,目前分布区域有所扩大。这种类型在广东地区被称为"改进型桑基鱼塘"。

2. 蚯蚓生态农业常见模式8例

(1)牛—菇—蚓—鸡—猪—鱼 利用野草、稻草或牧草喂牛,牛粪作食用菌培养料,食用菌采收后的下脚料培育蚯蚓,蚯蚓喂鸡,鸡粪发酵后喂猪,猪粪发酵后养鱼,养鱼塘泥作肥料。

(2)畜—沼—菇—蚓—鸡—猪—鱼 秸秆经氨化、碱化或糖化等方法处理后饲喂家畜,家畜粪便和饲料残渣用来制沼气或培养食用菌,食用菌下脚料养殖蚯蚓,蚯蚓喂鸡,鸡粪发酵后喂猪,沼气渣和猪粪养蚯蚓,残留物养鱼或作肥料。

(3)果园养蚯蚓 施于果树盘下的有机垃圾、粪便、烂草、树叶等是蚯蚓的好食物,蚯蚓粪又是果树理想的有机肥。蚯蚓还可制成干品用作药材或直接出售获利,也能作禽类的好饲料。在果园养蚯蚓,省工、省地,又可增加收入、增加地力,值得大力推广。

(4)禽—蚓—菇—鱼结合模式 江苏省如皋县高井乡某农民,1984年搞立体开发,综合利用,收效很大。

①一地三用 笼养鸡3 000多只,鸡笼离地66.7厘米高,鸡

粪发酵处理后,放在鸡笼下饲养蚯蚓,解决鸡、鸭的动物蛋白质饲料。鸡笼上面搭葡萄架,节省占地面积。

②一水三用 利用屋后河流和承包的池塘放养鸭子和鱼,鸭子的粪便喂鱼,河塘上空搭葡萄架。

③一料三用 鸡粪除用于养蚯蚓外,剩余的喂猪,猪粪用于种食用菌和产沼气,沼肥用来养鱼。

这样养一只鸡比过去节省成本 1.8 元,养一头猪节省 55.4 元。

(5) 粮—鸡—鸭—貂—蚓五位一体生态链养殖 辽宁铁岭县腰保乡某农民,1984 年承包 8 271 米² 土地,养鸡 400 只,养鸭 300 只,貂 15 只,蚯蚓 2 万条。他用孵化中的废蛋 2 600 个代替动物蛋白质饲料喂貂,用貂粪 1 500 千克代替精饲料喂鸡、鸭,在鸡舍暖池里饲养 2 万条蚯蚓作鸡、貂、鸭的蛋白饲料,鸡、鸭粪下地肥田。1984 年产粮 7 000 千克,孵鸡、鸭雏 19 266 只,销售种蛋、商品蛋 39 200 个,出售种鸭 250 只,貂 15 只。

(6) 鸡—猪—蚓—鱼—粮综合经营模式 河北省鸡泽县王庄村农民,采取鸡、猪、鱼及粮食综合经营,相互利用,使成本降低 40%,饲料节省 50%,效益高,获利大,创出一条节粮型种养新路子。

①鸡粪喂猪 取鸡粪 70%,玉米面 15%,谷糠 10%,麸皮 5%,混合搅匀,入缸封口发酵,温度控制在 20~30℃ 之间,当鸡粪呈黄绿色,没有臭味时即可。用发酵的鸡粪喂猪,每头猪可节粮 125 千克,降低成本 100 元以上。

②猪粪养鱼 将猪粪收集成堆或入坑发酵,再投入鱼塘,使水变肥,浮游生物大量繁殖,为塘中的鲢鱼、鳙鱼等上层鱼类直接吸收。每千克鱼可节粮 50%,生长期可提前 3 个月。

③废弃物养蚯蚓生产动物饲料 在农业生产过程中产生的无法利用的秸秆、粪便等废弃物用于养蚯蚓,转化成动物饲料,用于

养鸡和养鱼,极大降低了饲料成本。

④塘泥肥田　在冬季,抽干塘水,捕净鱼后,将塘底过多的淤泥挖出,放置于塘坝上,晒干后打碎撒到田里,肥田壮苗,既节省了资金,又避免了土壤板结现象。

(7)庭院型种养能源配套模式　湖北省崇阳县某农民创造了一套以养为主,养种结合,农、牧、渔、沼综合经营,生态、经济良性循环的立体生产体系。其做法是:

①"海陆空"全面规划　利用房前屋后空闲地及庭院科学安排,种、养、沼综合利用。建成 140 米^2 的新型畜舍,内装栏圈,外悬笼巢,左设鱼池,右立果园,树下养蚯蚓。中有一个 6 米^3 的沼气池,前靠厨房,后接猪圈。养肉鸽 350 对,鸭 40 只,鹅 5 只,肥猪 4 头,母猪 2 头,植果木 100 多株,蚯蚓 10 万条。

②生物质综合利用,良性循环效益高　将人畜禽粪和绿色作物的废弃物做原料,加入沼气池发酵,产生沼气,用于烧水、做饭、照明,一年可节省柴 2 500 千克,电 120 度。池中肥水养鱼,沼渣养殖蚯蚓,为养猪、养鸭等提供蛋白质饲料,蚓粪为果、粮作物的有机肥,形成种、养、能源配套,生物能量与物质多层次利用的最佳模式。

(8)生态猪场　将猪粪用蚯蚓处理后,转化为动物蛋白饲料,养猪场的污水(粪尿和冲圈水)引入高耐肥水的水葫芦池内,净化为二级肥水;再引入细绿萍池内,净化成三级肥水;然后将含大量浮游生物的三级肥水引入鱼、蚌、蟹池或稻田内,净化成四级水;经四级净化污水基本变为清水,最后回到猪舍重复使用。这一近似"零排放"良性循环,降低猪场对外界环境的污染,节约了用水,水生植物生长茂盛,池塘内鱼大蟹肥,稻谷丰收,使物质和能量都得到充分利用,创造出更多效益,达到了良性循环与生态循环的统一。

八、蚯蚓高密度养殖技术

笔者自 1985 年引进大平 2 号蚯蚓以来,经过多年对其生活规律、繁殖习性等进行详细观察及 25 年来对蚯蚓在人工养殖条件下的高产生态因子的系列研究,揭示了许多丰产生态特性。根据这些研究成果,并参照国内外有关资料,经数十次的设计验证和改进,摸索出一套蚯蚓高产养殖系列技术。该系列技术包括:露天高产养殖、温床塑料大棚高产养殖与周年循环养殖。其技术要点为:

其一,深层高密度养殖(生产群)。养殖深度由常规的 20 厘米加深为 50 厘米,养殖密度由常规的 1.5 万~2 万条/米^2 加大到 3 万~5 万条/米^2。

其二,采用种蚓、生产蚓分开养殖,全进全出,连接作业养殖工作。

其三,选用含有牛粪、食用菌渣、果渣最佳饲料因子的高产优质蚯蚓饲料配方。

其四,在最佳收获期(蚯蚓刚出现环带)适时收获,缩短养殖周期,提高经济效益。

(一)露天高密度养殖技术

1. 养殖池选择与建造

养殖场地选择背风向阳,冬暖夏凉,无直射阳光,能防敌害,不积水而又通风的地方。采用半地下露天池养。养殖池规格为长 10 米,宽 2 米,深 55 厘米(地下部分 30 厘米,地上部分 25 厘米)。床面下挖 30 厘米取平后,挖 5 条通风道,通风道宽 20 厘米,两条边道各距南北边沿 10 厘米。隔墙宽 20 厘米,两边道在两头向内弯,与二、四两条通风道相通,二、四两条通风道汇至中间一条道。各通道与两边道有横道相通,相间安排,间距 33 厘米。床侧各建一个底口径 25 厘米,上口径 15 厘米,底部与中间通道相通的换气口,通气管道上铺箔或硬质秸秆,其上撒一层草备用。

2. 饲料加工调制

(1)备料 饲料原料就地取材、因地制宜。基本配方:牛粪 70%,麦秸草 20%,食用菌渣或木屑 10%(间起疏松剂作用)。要求去杂、碎细,麦秸草切短、鲜牛粪先晒几天,减少异味。调整碳氮比:各种基料的搭配原则除参照饲料配方外,还要计算各种基料的碳氮含量,按碳氮比为 20～30 调整基料配搭比例。

(2)发酵 采用堆积法。将上述配料加水拌和,含水量保持 50%左右。混合料堆积在避风朝阳处,发酵堆宽 1.2～1.5 米,高 1 米,长度依量而定,自然堆积,不压实,表面覆盖未切的麦秸草或塑料薄膜,防干保温,以利微生物分解。

(3)翻堆 发酵期间做好料温变化监测记录。当料温升高至 50～70℃ 而后下降时,进行翻堆,将料内外上下翻匀,特别注意将四周未发酵好的饲料复入堆中。翻堆 2～3 次后,料温不再升高,饲料呈黑褐色,质地松散,无恶臭,不黏滞,即为已腐熟。

(4)调整 pH 值 饲料 pH 值以 6～8 较适宜,过高过低都不可。调整 pH 值时多用自来水淋洗饲料,待下部流出黑水为止,这样既调节了 pH 值,又洗去了发酵过程中产生的有毒物质,还调整了饲料含水量。饲料保持含水量 60%～70%备用,防止干燥结块或发霉变质。

3. 养殖方法

(1)试料 向养殖池投料之前,先将饲料堆摊开、通气。为确保安全,先做小样试投,即取大小蚓各 50 条置于饲料中,经 2～4 小时观察生活是否正常,经 4 小时后全部进入饲料,一切正常,方可使用。

(2)投料 先在养殖池底部,通气道上方投5~7厘米食用菌渣或木屑,上面投18~20厘米饲料;之后再平铺5~7厘米食用菌渣或木屑,上面再投18~20厘米饲料。

(3)蚓种投放 品种推荐大平2号。可以放成蚓,早春一般取种蚓床的蚓茧、幼蚓、蚓粪(占总体积1/3)混合物较好,折合每平方米投放幼蚓8 000条、蚓茧14 500个,折合幼蚓共4.425万条/米^2(按每个蚓茧孵化出2.5条幼蚓计算)。

(4)管理 每天测定外界温度及饲料层温度(10厘米处),根据饲料层干湿情况,每天喷洒1~2次自来水,保持温度。每星期用土壤酸度计测量1~2次饲料层的pH值。投蚓种1个月后,注意饲料变化情况、粪化程度,适时清除蚓粪,并投鲜饵以保证饲料厚度。后期注意检查蚯蚓生长情况及是否出现环带及时收获。

4. 产量与分析

按上述养殖方法,1个养殖周期历时90天。根据在山东某地的试验结果(5月3日开始,8月1日结束),试验期间,饲料层最高温度30℃、最低温度19℃,平均温度24.8℃;最高含水量为73%,最低54%,平均含水量为64%,饲料层的平均pH值为6.8。产量结果见表8-1。

表8-1 露天高产养殖试验结果

养殖池	面积 (米^2)	饲料深度 (厘米)	放养情况			收获情况				
			蚯蚓数量 (条/米^2)	幼蚓重 (克/米^2)	蚓茧数量 (个/米^2)	测产面积 (米^2)	蚓重 (克/米^2)	净增重 (克/米^2)	折667米^{2}产 (千克)	合计 (千克)
实验池1	20	46~50	8000	1234	14500	5.4	9175	7941	42.9	5294.2

续表 8-1

养殖池	面积 (米²)	饲料深度 (厘米)	放养情况			收获情况				
			蚯蚓数量 (条/米²)	幼蚓重 (克/米²)	蚓茧数量 (个/米²)	测产面积 (米²)	蚓 重 (克/米²)	净增重 (克/米²)	折667 米² 产 (千克)	合 计 (千克)
实验池 2	20	46~50	8000	1155	14500	5.4	8978	7820	42.2	5213.6
合 计	40		16000	2389	29000					
*常规池 1	15	22~25	4000	574	7250	5.4	5278	4704	25.4	3136
常规池 2	20	22~25	4000	660	7250	5.4	4998	4338	23.4	2892

*常规池养(对照):池深 30 厘米,地下部分 10 厘米,地上部分 20 厘米,没有通
风道,饲料厚度 20~25 厘米,蚓种放养密度为每平方米幼蚓 4 000 条+蚓茧
72 500 个,折合幼蚓 2.2 万条/米²,其他饲料调制、日常管理同高产实验池

由试验结果看出,深层高密度精养 2 个试验池,折合 667 米²
产 5 253.9 千克,较常规池养方法提高产量 74.3%。在生产上较
大面积达到这种水平,这在蚯蚓养殖上是一个突破。

在增加养殖深度的基础上加大养殖密度,从面积看,密度是
增加了 1 倍;但若从容积看,则密度没有增加,即蚯蚓仍然有适宜
的活动空间。故计算蚯蚓密度时,按单位容积计算更合理些。

以增重为目的的生产群,从蚓茧开始到性成熟(出现环带)即
最佳收获期,在平均温度 24.8℃、空气相对湿度 64% 条件下,为
70~80 天。这与小面积盆养试验基本一致,但在大面积生产中,
蚓茧间卵化时间有差异,80 天时仍有 10%~15% 幼蚓未出现环
带,故 90 天时收获,造成部分成蚓超过最佳收获期。

通气是深层高密度饲养的技术关键之一。本试验床下设通风
道,饲料中加有 10% 疏松剂料,投料时又设 2 层食用菌渣疏松层,

提高了饲料层的通透性,有利于蚯蚓的生长。

合理的管理措施是高产的保证。饲料为蚯蚓生长、繁殖的基础。牛粪、麦秸草、食用菌渣、果渣、锯末等多种饲料经充分发酵,不但营养较全面,且具有松、软、细、烂的特点,蚯蚓易食喜食。一般投蚓种后1个月内不翻动,以利于蚓茧的卵化。放养1个月后,对饲料定期进行翻松(10~15天),使饲料充分利用,同时使上下层饲料温、湿度保持一致。每次翻松前先清除蚓粪,并及时补充新饲料。

生产群和种蚓群分开养殖,避免了传统混养法由于成蚓、幼蚓、蚓茧、蚓粪混在一起,不易分离,生产效率低的缺点。生产群的蚓种来自种蚓群的同一批蚓茧或幼蚓,便于管理及采收。只有在种蚓和生产蚓分开管理的基础上,才能获得高产。根据生产蚓小面积盆养试验结果,若温度适当降低(由24℃降为18℃),饲料 pH 值适当提高(由 6.8 提高到 8~9),增重效果可能还要好。

(二)温床塑料大棚蚯蚓养殖与周年循环生产

温度是影响蚯蚓生存繁殖的主要因素。研究表明,蚯蚓生存的最适温度为 18~28℃,低于 3℃停止活动,低于−3℃即死亡或冻僵。我国北方冬季和早春外界气温较低,不适宜蚯蚓生长,一年往往只有 6 个月的养殖期,致使全年产量不高,且成蚓供应不能持续,给以蚯蚓作为原料的饲料厂的生产造成困难,影响蚯蚓养殖的大面积推广。

为了进一步探索蚯蚓的周年循环养殖,在借鉴国内外养殖方法的基础上,创造了温床塑料大棚蚯蚓周年循环养殖法,即 5 月初到 10 月底露天养殖,11 月至翌年 4 月底对养殖床略加改造,进行温床塑料大棚养殖,取得了年 667 米^2 产量达 1.5 万千克鲜蚓的良好效果。

1. 温床塑料大棚养殖池的建造

养殖床东西长 10 米、宽 2 米。在上一养殖期过后,清理干净养殖床,包括通风道上面的铺箔。在深层高密度养殖床的基础上在床中间挖长、深各 60 厘米的贮热池(与床面宽相同),池内填充生马粪等酿热物。原来的通风道变成 5 条回笼输热道,输热道上面铺箔或硬质秸秆,上面铺 5～8 厘米马粪与食用菌渣或木屑混合物。床北面及东西两端用泥土或砖筑墙,北墙高 80 厘米,南墙高 20～25 厘米,墙内涂黑,以利吸热,墙上搭支架,再覆盖双层塑料薄膜。南北模墙间各留间隔均匀的调温孔 5 个,每个 20 厘米见方,用来通风调温。

2. 饲料调制加工、投料、管理

温床塑料大棚养殖的饲料调制加工、投料、管理基本同露天深层高密度养殖。除日常管理外,注意严冬夜晚加盖草帘,温床四周(外侧 1 米)挖好排水沟。晴天上午 8 时左右掀开草帘,接受太阳辐射热能,待床内温度过高时,打开通气孔散热,下午 3 时左右盖好草帘。阴雨风雪天不揭帘、不开气孔,注意保温。

3. 周年养殖生产过程

在我国北方,全年可划分为 4 个养殖周期,每个周期大约 3 个月。11 月至翌年的 1～2 月和 3～5 月 2 个养殖周期采用温床塑料大棚养殖。11 月一次投蚓种,两次收获,2 月 1 日收获一半面积并补加新料,5 月初全池收获。5 月至 8 月初和 8 月至 10 月底 2 个养殖周期,采用露天养殖投放新蚓种,90 天后一次性收获。

4. 产量及分析

以在山东的实验情况为例,对蚯蚓周年养殖技术进行分析。

(1) 温床塑料大棚的增温效果　温床塑料大棚养殖床是利用透过塑料薄膜的太阳辐射热能,提高床内温度。由于床内外温差产生虹吸现象,热空气由贮热池流经输热道,床上饲料吸收并贮存大量热能,因而使床温明显提高。同时空气的流动促进了贮热池和床底层酿热物的分解,产生了大量的热能,进一步增加了床温,从而保证了蚯蚓正常生产繁殖的温度需要。这是一种充分利用太阳能辅以生物能的新型养殖方式。

①温床塑料大棚内外的温度变化 温床塑料大棚可明显提高棚内气温和床温。12月31日至1月30日,棚外平均气温4~6℃,棚内气温4~12℃,10厘米处床温8℃以上。床温变化幅度较棚内气温变化幅度小,即棚内气温往往随着棚外气温变化而变化,而床温则较恒定,较外界气温平均提高3~14.5℃。

②塑料大棚温度的日变化 一天内的棚内温度随着太阳高度角和外界温度的变化而变化。塑料大棚温度日变化见表8-2。

表8-2 3月22~26日典型天气塑料大棚温度日变化 （℃）

时间(时)	5	6	7	8	9	10	11	12
棚内温度	7.4	7.9	8.6	18.6	27.1	31.5	31 (35)	32 (40)
棚外露地温度	5.4	6	6.1	10.4	11.3	11.6	13.9	16.5
温 差	2	2.9	2.5	8.2	15.8	19.9	21.1	23.5
时间(时)	13	14	15	16	17	18	19	20
棚内温度	32.5 (41.5)	32 (41.5)	31 (37)	30.5	25.5	19	17	15.5
棚外露地温度	17	17.5	16	15.4	14	11.1	10.4	9.6
温 差	24.5	24	21	15.1	11.5	7.9	6.4	5.9

注:括号内温度为密闭状态下棚内气温

棚内最低温度出现在清晨5~6时,从7时开始有微弱升温,8时后升温迅速,10时以后即可达到30℃。在密闭情况下,棚内最高温度出现在12~14时,可达41.5℃,比外界温度高24.5℃,通风状态下为32.5℃。因此塑料大棚在中午进行通风是很必要的。

(2)温床塑料大棚床温变化 床温的变化直接影响蚯蚓的生活与增重。一天内最高、最低地温出现的时间较气温的出现迟2小时,5厘米床温月变化最剧烈昼夜温差达20℃以上,10厘米以下地温比较稳定。据测定,11月2日至翌年2月1日(养殖期90天),10厘米处平均床温14.6℃;2月2日至5月2日(养殖期90天),10厘米处平均床温18.8℃,完全适宜或较适宜蚯蚓生长发育。棚内床温变化见表8-3。

表8-3 3～4月温床塑料大棚床温变化

日　期		棚外露地	养殖床5厘米地温	温　差	棚外露地	养殖床10厘米地温	温　差
3月	6～10	3.1	10.5	7.4	4.1	10.1	6
	11～15	3.5	15.9	12.4	3.6	14.4	10.8
	16～20	7.5	19	11.5	7.3	17.5	10.2
	20～25	5.8	18	12.2	5.8	16.8	11
	26～31	10.1	22.8	12.7	9.7	21.5	11.8
	月平均	6	17.2	11.2	6.1	16.1	10
4月	1～5	13.2	25.2	12	12.9	24.3	11.4
	6～10	10	22.1	12.1	10	22.2	12.2
	11～15	10.3	23.1	12.8	10.4	21.7	11.3
	16～20	15.6	24.6	9	14.6	24.2	9.6
	21～25	14.9	22.3	7.4	14.5	22.2	7.7
	26～30	16.7	22.3	5.6	15.9	22.1	6.2
	月平均	13.5	23.3	9.8	13	22.8	9.8

(3)蚯蚓周年养殖结果 实验从11月1日开始,至翌年11月1日结束,共收获4次。包括1号、2号2个养殖池,总养殖面积140米²。第一次收获在2月1日,先用0.9厘米²见方的测产木板框,按不同收取部位取3个点测产,再相间收获6.3米²,收取时先定好点,划出待收范围,然后连同饲料一起取出,取出后利用光赶并结合上到下驱法把蚯蚓从饲料中分离出来,称量计数。收取

后的空间以新饲料补充,其他区域蚯蚓很快进入采食。第二次收获于 5 月 2 日进行,全池收获。收获前用测产框分 6 个点测产(测产面积 5.4 米²)。第一、二次养殖周期采用温床塑料大棚养殖,清床并修整后于 5 月 3 日进行第三养殖投种。第三次收获期为 8 月 1 日,全池收获。第四次养殖期于 8 月 2 日开始,10 月 28 日收获。第三、四次收获测产方法基本同第二次收获情况。第三、四次养殖采用露天深层高密度养殖法。各养殖期蚯蚓放养成蚓收获及产量情况见表 8-4。

表 8-4　蚯蚓周年养殖结果

养殖池	养殖期(月)	放养情况			收获情况				
		幼蚓数量(条/米²)	幼蚓重(克/米²)	蚓茧数量(个/米²)	收获面积(米²)	测产面积(米²)	蚓重(克/米²)	净增重(克/米²)	折 667 米² 产量(千克)
1 号池	11 至翌年 1	15000	2880	14000	10	2.7	4995	2115	1410
	2～4				20	5.4	8190	5260	3506.8
	5～7	8000	1234	14500	20	5.4	9175	7941	5294.2
	8～10	5500	794	14800	20	5.4	8258	7464	4976.2
全年合计		28500	4908	43300	70	18.9	30568	22780	15187.2
2 号池	11 至翌年 1	15000	2652	14000	10	2.7	4746	2094	1396.1
	2～4				20	5.4	7299	4647	3198.3
	5～7	8000	1155	14500	20	5.4	8978	7820	5213.6
	8～10	5500	820	14800	20	5.4	8327	7507	5004.9
全年合计		23500	4627	43300	70	18.9	29350	22068	14812.9

注:1. 2 号池第二养殖期 2 月 14～16 日养殖池一角塑料薄膜被风掀起,造成部分蚯蚓冻僵

2. 含有 1/3 的接近性成熟的大蚓

3. 测产时间为 10 月 18 日

从上表可以看出：经过1周年的连续养殖、分期收获，平均每平方米产鲜蚓22.50千克，折合年667米²净产1.5万千克，其中第一次收获占总产量9.4%，第二次收获占总产量22.3%，第三、四次收获分别占总产量35.0%和33.3%。基本符合养殖业饲料供需规律，尤其与养鱼生产的饲料蛋白的需求量相吻合。

从养殖方式看，经第三、第四养殖期的露天深层高密度养殖效果较好，产量占全年产量的68%。这主要是温度适宜，料床通气性好，温度易控制等。本次试验温床塑料大棚养殖产量没有达到理想产量值，原因之一是由于种蚓越冬池2月份正值严冬，不便取茧（茧产量也低），故11月1日一次投蚓种（折合幼蚓每平方米5万条），二次使用，这样就可能使第一养殖期密度偏高，第二养殖期密度偏低；原因之二是昼夜温差变化较大，料床通气性差。上述问题尤其是保温与通气的矛盾如何解决，有待于以后进一步研究。

5. 经济效益分析

根据实测计算，每平方米产鲜蚓22.5千克，年需饲料1.5吨，饲料与蚓粪的比例为2∶1，即每平方米蚯蚓可年产蚓粪0.75吨。收入盈余情况（按照1990价格计）如下：

年产鲜蚓：22.5千克×5元×140米²＝15750元

年产蚓粪：0.75吨×100元×140米²＝10500元

合计收入：26250元

饲料消耗：1.5吨×30元×140米²＝6300元

建池材料费：2000元

水电费等：1200元

雇工人费用：5000元

合计支出：14500元

盈余：11750元

由于目前专门收购销售蚯蚓、蚓粪的单位较少，故每千克蚯蚓

5 元、每吨蚓粪 100 元,销售价格偏低。蚓粪在北京、天津、上海等大城市主要作为优质的花肥销售,每吨 300～1 000 元。若蚯蚓养殖和畜禽养殖结合起来,不仅解决了动物饲料蛋白源供应问题,而且养殖蚯蚓需要的粪便可就地解决,减少了费用开支,经济效益更佳。

蚯蚓高产养殖系列技术包括深层高密度养殖、温床塑料大棚养殖和周年循环养殖,解决了蚯蚓养殖中一直存在的产量低、生产不连续这两个主要问题,为蚯蚓规模养殖在生产上大面积推广,从而解决饲料工业中动物蛋白源缺乏问题,开辟了广阔的前景。

该系列养殖技术简便易行,成本低,特别适于广大农村或养殖场推广,既处理了有机废弃物,又生产了动物蛋白,化害为利,改善了环境,一举多得。

蚯蚓高产养殖系列技术主要是满足了在人工养殖情况下,蚯蚓对各种生态因子的需求。根据试验结果来看,影响蚯蚓生长繁殖最主要的因子是温度、饲料和活动空间。

该养殖系列技术较好地解决了以下几个问题:

第一,温床塑料大棚较好地解决了冬春季温度过低,无法养蚓的问题,增温养殖延长了蚯蚓养殖时间;

第二,以牛粪、食用菌渣、果渣为主要成分的高产优质饲料配方,满足了蚯蚓对饲料的要求;

第三,深层高密度养殖解决了养殖密度与生活空间的矛盾;

第四,种蚓、生产蚓分开,全进全出,连续作业,可以按蚯蚓繁殖和生长发育规律分别管理,这样种蚓繁殖率高,生产群生长快,发育也较整齐,效率更高;

第五,最佳收获期适时收获,利用蚯蚓生长增重规律和阶段增重优势,实行短期高密度养殖,增加了年采收提取次数,防止了因养殖床内蚯蚓过载而减产,达到经济效益最佳;

第六,蚯蚓种的更新和周期轮换,避免了在同一个床位养"老蚯蚓"或"三室同堂",导致种群的自然衰退。

从粗蛋白质产量看,按高产养殖技术每 667 米² 产蚯蚓 10 000 千克、鲜体蚯蚓粗蛋白含量约 10% 计算,则一年产粗蛋白质可达 1 000千克、667 米² 粮田年产 450 千克小麦、550 千克玉米,籽实粗蛋白质含量按最高数小麦 13.6%、玉米 9% 计算,一年也只能生产小麦粗蛋白质 60.75 千克、玉米粗蛋白质 49.5 千克,合计 110.25 千克。养蚯蚓与种粮食作物相比要增加 9.3 倍,而且人工养殖蚯蚓不占用良田面积。

实践证明:蚯蚓高产养殖系列技术在生产上大面积推广是可行的。该成果获得山东省科技进步二等奖,目前已在十几个省、市推广,取得了较好的经济效益和社会效益。

九、蚯蚓病害与敌害防治

（一）病害防治

蚯蚓的生命力很强,常年钻在地下吃土,疾病很少,只有少数几种病,且多是人为造成的,属环境或饲料不当而造成的"条件病"。只要调整一下环境条件就可以解决,几乎不用药物治疗就可康复。现介绍如下。

1. 饲料中毒症

蚯蚓局部甚至全身急速瘫痪,背部排出黄色或草色体液,大面积死亡。这是由于新加的饲料含有毒素或毒气所致。这时只要迅速减薄料床,将有毒饲料撤去,钩松料床的基料,加入蚯蚓粪吸附毒气,让蚯蚓潜入底部休息,慢慢就可以恢复。

2. 蛋白质中毒症

蚯蚓的蚓体有局部枯焦,一端萎缩或一端肿胀而死,未死的蚯蚓拒绝采食,有惊悚战栗的恐惧之感,并出现明显消瘦。这是由于加料时饲料成分搭配不当引起蚯蚓蛋白质中毒。饲料成分蛋白质的含量不能过高(基料制作时粪料不可超标),因蛋白质饲料在分解时产生的氨气和恶臭气味等有毒气体,会使蚯蚓蛋白质中毒。发现蛋白质中毒症后,要迅速除去不当饲料,加喷清水,钩松料床或加缓冲带,以解毒。

3. 缺氧症

蚯蚓体色暗褐无光、体弱、活动迟缓,这是因氧气不足而造成缺氧症。其原因有如下 3 点:①粪料未经完全发酵,产生了超量氨甲烷等有害气体;②环境过干或过湿,使蚯蚓表皮气孔受阻;③蚓床遮盖过严,空气不通。此时应及时查明原因,加以处理。如将基料撤除,继续发酵,加缓冲带。喷水或排水,使基料土的湿度保持在 30%～40%左右,中午暖和时开门开窗通风或揭开覆盖物,加装排风扇,这样可解决。

4. 胃酸超标症

蚯蚓痉挛状结节、环带红肿、身体变粗变短,全身分泌黏液增多,在饲养床上转圈爬行,或钻到床底不吃不动,最后全身变白死亡,有的病蚓死前出现体节断裂现象。这是因为饲料中淀粉、碳水化合物或盐分过多,经细菌作用引起酸化,使蚯蚓出现胃酸超标症。处理方法是掀开覆盖物让蚓床通风,喷洒苏打水或石膏粉等碱性药物中和。

5. 囊肿病

如发现蚯蚓身体水肿膨大、发呆或拼命往外爬,背孔冒出体液,滞食而死,甚至引起蚓茧破裂或使新产的蚓茧两端不能收口而染菌霉烂。这是因为蚓床湿度过大或饲料 pH 值过高而造成的。解决方法是减小湿度,将爬到表层的蚯蚓清理到另外的池里。在原基料中加过磷酸钙粉或醋渣、酒精渣中和酸碱度,过一段时间再试投给蚯蚓。

(二)敌害防治

在自然界或人工养殖环境中,蚯蚓的天敌较多,如各种食肉的野生动物、鸟类、爬行动物、两栖类,各种节肢动物和其他环节动物等。尤其是各种鼠类,如家鼠、田鼠、鼢鼠、鼹鼠等均非常喜食蚯蚓,并善于打洞,常钻进养殖场所大量取食蚯蚓和饲料,对蚯蚓养殖威胁很大。蛇、蛙和蟾蜍也喜食蚯蚓。

各种节肢动物、昆虫等常危害蚯蚓,尤其是各种蚂蚁,不仅喜食蚯蚓,而且也取食饲料,在饲养箱或料堆建巢,对幼蚓威胁较大,有时也常常将蚓茧拖入蚁巢中食用。蝼蛄对蚯蚓的危害较大,它先吃卵茧,后吃小蚯蚓,在松土及采收蚯蚓时,一旦发现要及时处死。许多蜘蛛、多足动物、陆生软体动物,如蜈蚣、马陆、蜗牛和蛞蝓等也会取食或捕杀蚯蚓。在秋、冬季,一些鸟类由于野外缺少食物,也常采食蚯蚓及卵茧。

人工养殖蚯蚓,可以根据不同的养殖方式,针对不同的蚯蚓天敌生活习性,加以防范和防治。对于大型的天敌,如鸟、兽、鼠、蛇、蛙、蟾蜍等,可采用笼网等防范;对于蚂蚁等,可以采取诱饵诱杀的方法,集中杀灭。

十、蚯蚓采收与加工

获得蚓体,是人工养殖蚯蚓的主要目的之一。因此,适时采收蚓体,是人工养殖蚯蚓成功的重要环节。

成蚓的采收时间与蚯蚓的生长发育有着密切的关系。从蚓茧孵化到蚯蚓性成熟,一般要经过 3 个月左右的时间,这时,环带明显,生长缓慢,饲料利用率降低。如果只为了收获蚓体,此时即为采收的适宜时期。

成蚓还有不与幼蚓同居的习性,当幼蚓大量出蚓茧后,成蚓会移居到其他饲料层,或纷纷逃逸。因此,在幼蚓大量孵化之前,及时采收成蚓十分必要。

(一)成蚓的采收及蚓体、蚓茧、蚓粪的分离

蚯蚓采收是目前国内外蚯蚓养殖业中尚待进一步解决的技术问题。目前,各地群众在养殖实践中总结出了不少经验办法,大多是根据蚯蚓的生活习性,运用一些物理或化学方法,或驱逐,或诱集,或用简单机械方法挖取与分离。

1. 诱集采收法

对坑养、沟养、沟后、园林、大田及肥堆等养殖的蚯蚓,可在养殖地周围设点堆制新鲜饲料进行诱集。诱集饲料堆如能拌和少量炒熟的饼肥,效果更佳。

2. 翻箱采收法

箱养蚯蚓在采收时,可将大箱放在阳光下晒片刻,蚯蚓由于逃避强光或高温而钻入箱子底层,然后将箱反转扣下,蚯蚓即暴露于外,即可采收。

3. 简易筛选法

用木料做一个长 1.3 米、宽 0.97 米、高 0.18 米的长方体蚯蚓筛，筛孔直径视蚓体大小，一般掌握在 0.5 毫米左右，再做一个长 1.34 米、宽 1 米、高 0.20 米的长方体蚯蚓盒。收取蚯蚓时，将蚯蚓筛套送盒中，并把蚓筛垫起来，以便于蚯蚓钻入，开始可垫高 2.5 厘米左右，随着下钻蚯蚓的增多逐渐加高。

筛取时，把饲料连同蚓体一起投入蚓筛，用细齿耙耙成厚 5~6 厘米，再用功率 200 瓦电灯在蚓筛上来回移动，并用细齿耙耙动同时刮掉上层蚓粪，促使蚯蚓下钻。

4. 筐诱采收法

用孔径为 1~4 毫米（或 2~3 毫米）的筛网做成诱集筐，筐内装入蚯蚓喜食的饲料（如香蕉皮、腐熟的水果、西瓜皮、浸有啤酒等含酒精成分的合成树脂、海绵等）。然后将诱集筐埋入饲料床内，在 20℃ 左右时约 1 周后取出，里面会钻进很多蚯蚓。时间短，主要诱集的为大蚓；时间长，也会诱集到小蚓。因此，此法既可用于蚓粪与蚓体的分离，也可用于大、小蚯蚓的分离工作。

(二)蚓粪的采收

适时采收蚓粪，一方面是为了获得产品，二是为了便于投料和操作，也有利于蚯蚓的生长发育与繁殖。

蚓粪的采收多与蚓体采收和投料同时进行，前面已讲过几种方法，这里另补充几个方法。

1. 刮皮除芯法

多与上投饲喂法并用，上投饲喂一段时间之后，表层饲料基本粪化，这时便可采收蚓粪。

采收前，先用上投饲喂法补一次饲料，然后用草帘覆盖，2~3 天后，趁大部分蚯蚓钻到表层新饲料中栖息、取食时，迅速揭开草帘,将表层 15～20 厘米厚的一层新饲料快速刮至两侧,再将中心的粪料除去,然后把有蚯蚓栖息的新饲料铺放原处。此法分离的粪料常混有少量蚯蚓,可以采用其他方法分离。如粪料中有大量蚓茧,可置一处孵化;也可摊成 10 厘米厚,使其风干至含水率40％左右,再用孔眼 2～3 毫米的筛子筛出一部分蚓粪,剩余的蚓粪及蚓茧另置一床,加水至 60％,继续孵化。

风干的蚓粪可直接利用或用塑料袋包装贮存。

2. 上刮下驱法

采用下投饲喂法时,蚯蚓多集中到下部新饲料中,可用手慢慢逐层由上而下刮除蚓粪,蚯蚓则随着刮粪被光照驱向下部,直到刮至新饲料层为至。刮下的蚓粪处理法与刮皮除芯法相同。

(三) 活蚓的运输

目前我国养殖蚯蚓多为自产自用。运输活蚯蚓主要用于引种过程中。

一般来说,短时间运输活蚓,可在容器内装入潮湿的饲料,或用养殖床上所铺的草料当填充物,然后将蚯蚓放入;长时间运输,可用泥炭或纸浆作填充物,外包以纱布,放入适当大小的容器内。少量的蚯蚓也可装入铁盒或塑料筒内,用小邮包托运或用转运箱邮寄。有的用类似包装柑橘的纸板箱(约能容纳 2 000 条蚯蚓),内装潮湿的草料,进行转运销售。大量的活蚓运输,有时就在卡车车厢内铺上罩布,在其上铺些潮湿的填充物,然后放入蚯蚓。有的在运输期间保持低温,使蚯蚓处于休眠状态。不论何种运输方式,均应注意保持适宜的湿度和通气条件。运到目的地后要进行检查,清除死蚓和病蚓,并给活蚓提供良好的条件。

(四)蚯蚓的干燥和粉碎

　　收获的成蚓除直接应用外,有时还需贮存备用。为了防止蚯蚓腐烂,并提高嗜好性,有时需要对蚯蚓进行干燥和粉碎。

　　干燥的方法有烘干、晒干、风干和冷冻干燥等几种。干燥的方式不同,对蛋白质的利用率有很大的影响。如在通风干燥法中过快干燥时,饲料投放率明显下降,蛋白质利用率也降低。

　　干燥后制成的蚓粉能长期保存,可像鱼粉一样添加于各种动物的基础饲料中,易于被动物食用。

　　为了保持新鲜蚯蚓对鱼、猪、鸡的诱食作用,同时克服新鲜蚯蚓不易粉碎的特点,有人把鲜蚓与一定比例的麸皮混合,经颗粒机挤出,制成蚯蚓预混料,晾干后与蚓粪一起按优化饲料配方比例加入各种饲料。若鲜蚓经开水处理后,晾干、粉碎制成蚯蚓粉,其所含某些特殊蛋白质往往被破坏,失去了对动物诱食的特性。

(五)蚓粪的处理

　　蚓粪处理包括干燥、过筛、包装、贮存、运输等。

　　蚓粪干燥又分为自然风干和人工干燥两种。为了降低成本,多采用自然风干。人工干燥速度快,且能杀死土壤细菌。在干燥时,除在生有霉菌的情况下,无需达到完全无水的程度。在美国,蚓粪中还常混入砂和某些动物粪、泥炭等其他肥料。

　　蚓粪的包装以收获后1~25天比较适当(因含水量不同,每立方米重400~600千克)。多封存于塑料袋内,然后运往各地销售。在自产自用的情况下,蚓粪可边采收边利用。

十一、蚯蚓粪的利用

在人类未来到地球之前,蚯蚓已耕耘了地球亿万年。自然界的各种有机废弃物经发酵后,在蚯蚓消化系统蛋白酶、脂肪酶、纤维酶和淀粉酶的作用下,迅速分解,转化成为自身或易于其他生物利用的营养物质,经排泄后成为蚯蚓粪。蚯蚓粪富含植物生长所需的各种营养成分。而且蚯蚓粪无异味,对人畜和植物无灼伤,在任何浓度下,即使是非常娇贵的种子或者是花坛植物,也不会因过量而被灼伤。生物学家达尔文曾说过:"除了蚯蚓粪粒之外,没有沃土"。1981 年 5 月 5 日《北京日报》发表了署名"石力"的文章,称蚯蚓粪为"有机肥之王(肥王)"。

(一) 蚯蚓粪的成分

蚯蚓粪的成分因季节和原材料配比的不同略有差异,但养分齐全,肥效显著,充分体现了蚯蚓粪的功效和特性。

1. 肥效测定

见表 11-1。

表 11-1　蚯蚓粪肥效成分含量

项　目	含　量	项　目	含　量
全　氮	0.95%～2.5%	全　磷	1.1%～2.9%
全　钾	0.96%～2.2%	有机质	25%～38%
腐殖质	21%～40%	有益菌群	0.2×10^8～2×10^8 个/克
pH 值	6.8～7.1		

2. 营养成分

见表 11-2。

表 11-2　蚯蚓粪营养成分含量(风干)

项　目	含　量(%)	项　目	含　量(%)
吸附水	4.60～5.2	粗脂肪	0.59～0.65
粗纤维	5.10～6.2	粗蛋白质	5.10～21.7
粗灰分	70.8～73.55	无氮浸出物	12.15～13.95
钙	3.60～4.2	磷	0.30～0.4

主要特点是粗灰分含量高,粗蛋白质含量远高于禾本科秸秆,而接近或超过豆科秸秆,是畜禽的良好饲料之一。

3. 矿物质微量元素含量

见表 11-3。

表 11-3　蚯蚓粪微量元素含量　(微克/克)

项　目	含　量	项　目	含　量
铁(Fe)	3100～3200	锰(Mn)	210～250
锌(Zn)	2.5～3.1	铜(Cu)	20.1～21.1
镁(Mg)	8400～8530		

4. 氨基酸含量

蚯蚓粪所含氨基酸种类在 16～18 种之间,风干物中的含量见表 11-4。

表 11-4　蚯蚓粪氨基酸含量(风干)　(%)

项　目	含　量	项　目	含　量
天门冬氨酸	0.50～0.60	苏氨酸	0.20～0.35
丝氨酸	0.30～0.51	谷氨酸	0.40～0.65
甘氨酸	0.10～0.20	丙氨酸	0.35～0.75
缬氨酸	0.30～0.40	蛋氨酸	0.10～0.15
异亮氨酸	0.15～0.18	亮氨酸	0.25～0.33
酪氨酸	0.10～0.15	苯丙氨酸	0.20～0.25
赖氨酸	0.18～0.23	组氨酸	0.00～0.10
脯氨酸	0.16～0.19	胱氨酸	0.00～0.12
色氨酸	0.20～0.23	精氨酸	0.11～0.16

5. 微生物含量

蚯蚓饲料采用 EM 菌群发酵,经蚯蚓体内砂囊磨碎后,其表面面积大大增加,便于微生物对其快速转化,在整个消化过程中,微生物与蚯蚓相互依存,互相促进,既利于蚯蚓吸收营养,又利于有益微生物的迅速增加。有研究表明,蚯蚓粪中的微生物总量甚至会超过进入蚯蚓体时的数量。

6. 拮抗微生物

经检测,蚯蚓粪中正常情况下含有至少 2 株拮抗微生物(球孢链霉菌和丁香苷链霉菌),对土传真菌植物病害有一定的控制作用。

(二) 蚯蚓粪的性质

1. 物理性质

蚯蚓粪是一种黑色、均一、有自然泥土味的细碎类物质,其物理性质由原材料的性质及蚯蚓消化的程度决定,具有很好的孔性、通气性、排水性和高的持水量。蚯蚓粪因有很大的表面积,使得许多有益微生物得以生存,并具有良好的吸收和保持营养物质的能力,同时经过蚯蚓消化,有益于蚯蚓粪中水稳性团聚体的形成。

2. 化学性质

和原材料相比,蚯蚓粪中可溶性盐的含量、阳离子交换性能和腐殖酸含量有明显增加,也就是有机质转化成了稳定的腐殖质类复合物质。许多有机废弃物,尤其是畜禽粪便,一般呈碱性,而大多数植物喜好的生长介质偏酸(pH 值 6～6.5)。在蚯蚓消化过程中,由于微生物新陈代谢过程中产生有机酸,使废弃物的 pH 值降低,趋于中性。蚯蚓粪中营养物质的含量因原材料不同而有差异,一般来说,植物生长所必需的一些营养元素及微量元素在蚓粪中不仅存在,而且含量高,为植物易于吸收的形式。

3. 生物学性质

蚓粪中富含细菌、放线菌和真菌,这些微生物不仅能使复杂物质矿化为植物易于吸收的有效物质,而且还合成一系列有生物活性的物质,如糖、氨基酸、维生素等,这些物质的产生使蚓粪具有许多特殊性质。

(三)蚯蚓粪的功能及特点

纯蚯蚓粪有机肥具有颗粒均匀、干净卫生、无异味、吸水、保水、透气性强等物理特性,是有机肥和生物肥在蚯蚓体内自然结合的产物,能提高植物光合作用,保苗、壮苗,抗病虫害、抑制有害菌和土传病害,明显改善土壤结构,提高肥力和彻底解决土壤板结问题,在提高农产品品质,尤其是茶、果、蔬类产品的品质方面效果显著。

1. 养分全面

纯蚯蚓粪有机肥不仅含有氮、磷、钾等大量元素,而且含有铁、锰、锌、铜、镁等多种微量元素和18种氨基酸,有机质含量和腐殖质含量都达到30%左右,每克含微生物有益菌群在1亿以上,更可贵的是含有拮抗微生物和未知的植物生长素。这是一般化学肥料、有机肥及微生物肥所无法比拟的。

2. 富含有机质,增强地力,减少化肥用量,根本解决土壤板结问题

判断土质肥沃程度的首要标准是土壤中有机质的含量,如果不提高土壤有机质含量,那么提高产量、改善品质、减少化肥用量、降低成本就无从谈起。

蚯蚓粪有机肥的有机质含量约30%,而且有机质经过2次发酵和2次动物消化,所形成的有机质质量高,易溶于土壤中及被植物吸收,可促进土壤团粒结构形成,提高土壤通透性、保水性、保肥力,利于微生物的繁殖和增加,使土壤吸收养分和储存养分的能力增强,从源头上解决化肥施用次数多、量大、易流失、利用率低等问题。经蚯蚓消化后的有机质颗粒细小,表面面积比消化前提高100倍以上,能使土壤与空气更多接触,从根本上解决土地板结的问题。据国内研究机构的研究成果,每1千克蚯蚓粪肥效等同于10千克农家肥,既经济实惠又方便施用。

3. 富含微生物菌群,提高作物抗病防病能力,保护土地生态环境

沙漠与耕地的区别除了有机质含量外,更重要的是耕地中含有大量的有益微生物菌。我国的耕地由于长期单施化肥和大量使用农药,使土壤中的有机质、微生物含量逐年下降。采用大量有益微生物菌群(EM)对动物排泄物进行2次发酵,然后投喂蚯蚓,在通过消化道时,随食物进入体内的真菌营养体及大部分细菌被杀死,只有真菌孢子和部分细菌仍保持活力,生长缓慢的细菌通过消化道后群体下降,而生长快的细菌,在消化道内迅速繁殖,在蚯蚓排泄物中的群体数量甚至会超过进入蚯蚓体时的数量。

蚯蚓粪有机肥中微生物含量在 1 亿个/克左右,更可贵的是含有拮抗微生物,施入土壤后,可迅速抑制害菌的繁殖,有益菌得以繁殖扩大,减少土传病害的发生,使农作物不易生病,同时增加植物根部的固氮、解钾、解磷的能力。研究表明,大量微生物的代谢能改善土壤的理化性质,使土壤成分多样化和易于吸收,并产生土壤肥力形成和发育的生物能,提高土壤在有机物和无机物之间能量转换的动力,保护土地生态环境。

4. 富含腐殖酸,调节土壤酸碱度,提高土壤的供肥力

蚯蚓粪有机肥的腐殖酸含量在 $21\%\sim40\%$ 之间,并且含有多种消化酶和中和土壤酸碱度的菌体物质,能提高土壤中性磷酸、蛋白酶、脲酶和蔗糖酶的活性,从而提高土壤的供肥能力,改善土壤结构和平衡酸碱度,最终体现在作物的生长发育、产量及品质上。且其所含的腐殖酸是有机质经蚯蚓消化后生成的,不同于一般有机肥中的腐殖酸,因为蚯蚓把许多有机营养成分消化转变为简单、易溶于水的物质,更容易被植物摄取,这是其他有机肥料无法办到的。

5. 抗旱保肥,促根壮苗

在施用蚯蚓粪有机肥后,作物明显表现出抗旱能力提高,特别是作物的根系尤显发达,从而使作物在壮苗、抗倒和抗病等方面表现突出。

6. 重茬不减产

多年的试验表明,在连续使用蚯蚓粪有机肥后,可使重茬不减产,对于薯类作物甚至产量一年比一年高。

7. 明显改善作物品质,恢复作物的自然风味

蚯蚓粪有机肥同时具有生物肥、生物有机肥、有机肥、氨基酸肥、腐殖酸肥、菌肥、微肥的特点,但又不是这些肥料的简单组合,是蚯蚓亿万年进化过程中逐渐形成的最适合植物生长的组合。应用表明,蚯蚓粪有机肥在提高作物品质,合理增加作物的蛋白质、氨基酸、维生素和含糖量,恢复作物的自然风味等方面的效果突出,明显优于使用上述单一肥料组合的效果。

8. 应用范围广,使用方便,清洁

蚯蚓粪有机肥适用于各种农作物,既可作基肥,也可以作追肥,可用于高级花卉营养土、草坪栽培,还可作为无土栽培的基质,无臭、无味,干净卫生,不会发生烧根、烧苗现象。蚯蚓粪含粗蛋白质在 $5.1\%\sim21.7\%$ 之间,远高于禾本科秸秆,而接近或超过豆科秸秆,而且含有 18 种氨基酸和大量改善水质的微生物菌群(EM),是各种动物的良好饲料。

综上所述,施用蚯蚓粪有机肥后可改变土壤物理性能,使黏土疏松,使砂土凝结;促进土壤内空气流通,加速微生物繁殖,有利于植物吸收养分;增强土壤保水、保肥性,防止土壤流失;能吸着盐基成分起交换作用,防止过量使用化肥带来的危害;能分解土壤中的矿物质,供植物利用;与其他化学肥料合用,肥效长久;对植物、人、畜无害,还可以增强植物对病虫害的抵抗力,抑制植物土传病害,改善作物品质,恢复作物的自然风味。

(四) 蚯蚓粪作为肥料的应用

蚯蚓粪质轻、粒细均匀,无异味,干净卫生,保水保肥,营养全面,可全面用于各种植物,甚至可用于名贵鱼虾的养殖。由于蚯蚓粪价格相对较高,而且数量有限,目前的主要应用范围有:虾塘、跳鱼塘肥育,有机茶种植,有机水果、蔬菜种植,花圃、花卉营养土或追肥,草坪卷营养土或追肥,土壤改良介质,高尔夫球场、足球场营养土或追肥,家庭盆花、温室花卉、高档花卉栽培基质,名贵细小种子培养基,无土栽培基质,轻型屋顶花园,新栽培或新移植的树木、灌木促生营养土。

蚯蚓粪的使用方法：

①在花盆中按 1 份蚯蚓粪、3 份园土的比例拌入蚯蚓粪后种花,1～2 年内不需追施任何肥料,也无需翻盆换土。也可每 2～3 个月在盆土表面轻轻拌入 1～2 杯(约 100 克)蚯蚓粪。

②每个蔬菜坑放半杯蚯蚓粪或 1～2 个月施一次(每棵半杯或每尺一杯)。

③作为配方营养土,一般按 1 份蚯蚓粪、3 份土壤的混合比例施用。

④新栽培或新移植的树木、灌木,可按 1 份蚯蚓粪、3 份园土的比例混合遍施坑内,再栽入植物,覆土浇水即可。

⑤新草坪:以每平方米 0.5～1 千克蚯蚓粪,轻轻施入表皮土壤,然后用碎稻草覆盖好已点播草坪种的土壤,保持湿度。

⑥球场、运动场草坪:以每 10 平方米 2 千克蚯蚓粪,均匀散施在草坪表层即可。

⑦果实、花或生病的盆栽植物:把 1 份蚯蚓粪浸泡在 3 份水中 24 小时以上,制成混合物,施于植物、果实或花的表面。

⑧茶叶种植:每 2～3 个月每棵施 200～300 克于根部,然后覆土即可。

⑨一般经济作物,每 667 米^2 每茬施用 100～200 千克(建议 70％作基肥,30％作追肥),同时可按 1：1～3 的比例相应减少化肥的用量,施用 2 年以后,可进一步降低化肥使用量。果树的用量可提高到 200～300 千克/667 米^2·年,花卉可降到 100 千克/667 米^2·年左右。其他作物的用量可根据地力情况适当增减。

(五)蚯蚓粪作为饲料的应用

蚯蚓是一种优良的动物性蛋白质饲料。国内外不少饲料厂将蚯蚓粉添加到配合饲料中,用其饲喂鸡、猪、水貂等取得了良好的效果。蚯蚓粪作为饲料用于养殖业,除报道可用于养鱼外,用于鸡、猪饲料中的不多。为了摸索蚯蚓(粪)喂猪、鸡、鱼的效果,找到适宜的添加比例。笔者用生长肥育猪、蛋鸡、肉用鸡、罗非鱼分批进行了试验研究,筛选出相对应的优化饲料配方。试验结果见表11-5。

表 11-5 蚯蚓(粪)饲喂猪、鸡、罗非鱼试验结果

动 物	组 别	平均初重 (千克)	平均终重 (千克)	增 重 (千克)	消耗饲料 (千克)	料肉比	单位增重 饲料成本 (元/千克)	备 注
肥育猪	蚯蚓组	22.16	87.8	65.64	556.2	3.23	0.71	千克/头
	对照组	21.84	80.82	58.94	449.8	3.44	1.2	
肉 鸡	蚯蚓组	0.062	1.56	1.49	3.12	2.09	1.42	千克/只
	对照组	0.061	1.45	1.39	3.58	2.57	2.57	
罗非鱼 (网箱)	蚯蚓组	899	5643	4744	9146.5	1.93	1.78	千克/箱
	对照组	948	4328	3290	8335	2.53	3.16	

1. 蚯蚓(粪)喂生长肥育猪试验

选用 30 头约克夏×烟台黑同父异母杂交仔猪,蚯蚓组饲料用 2.5% 蚯蚓代替对照组 2.5% 鱼粉。有 15%(前期)和 20%(后期)蚓粪替代相应能量饲料,经 118 天试验,蚯蚓组日增重较对照组提高 10.2%,料重比降低 6%,每千克增重饲料成本较对照组降低 0.49 元,饲料成本降低 41%。

2. 蚯蚓(粪)喂肉鸡试验

选用 5 日龄 AA 商品代雏鸡 500 只,蚯蚓组饲料含 12% 蚯蚓、6% 蚓粪,对照组含 11% 鱼粉,经 52 天试验,全期只均增重,蚯蚓组为 1.49 千克,比鱼粉组高 7.2%;料肉比较鱼粉组下降 18.7%,差异极显著($P<0.01$),每千克增重降低饲料成本 1.15 元。

3. 蚯蚓(粪)喂罗非鱼试验

采用 5 米×4 米×2 米封闭式六面体网箱 9 个,用 15%蚯蚓代替 15%鱼粉,15%蚓粪代替 15%麸皮的优化配方料水库网箱养罗非鱼,与 15%鱼粉、15%麸皮饲料配方组比较其增重效果。结果表明,试验组每平方米产鱼 141 千克,折合 667 米² 产量为 94 097 千克,比对照组(70 668.5 千克)高 23 428.5 千克,增产 33%;饲料系数,试验组平均为 1.93(最好的一箱为 1.72),较对照组(2.53)低 0.6;每千克增重饲料成本,试验组为 1.78 元,对照组为 3.16 元,试验组比对照组降低饲料成本 43.1%,经济效益十分显著。

4. 蚯蚓(粪)喂蛋鸡试验

采用京白 III 系商品蛋鸡 1 200 只,对 21~43 周龄产蛋鸡饲喂蚯蚓料(5%~6%蚯蚓粉代替 5%~5.7%鱼粉)与鱼粉料和无鱼粉料比较。结果表明:无鱼粉组、鱼粉组、蚯蚓组 300 日龄产蛋量分别为 100、112、126 枚,蚯蚓组比鱼粉组提高 11%,比无鱼粉组提高 21%;累计耗料,分别为 16.2、15.8、16.99 千克;料蛋比分别为 2.93、2.52、2.36;千克料饲料成本分别为 0.66、0.81、0.55 元;每生产 1 千克蛋所需饲料成本分别为 1.93、2.04、1.3 元,蚯蚓组比无鱼粉组、鱼粉组分别降低 0.63 和 0.74 元。

综上所述,在配合饲料中,添加一定量的蚯蚓(粪),既可作为全价饲料或补充饲料的动物性蛋白源,其本身又是某些动物(鱼、猪)极佳的摄食促进物质,从而提高饲料的适口性、摄食强度和饲料利用率,大大提高了动物生产率。蚯蚓粪直接作为饲料成分用于动物养殖的报道不多。以往的研究多作肥料用于农作物、蔬菜、花卉等。试验证明:蚯蚓粪完全可以替代麸皮等饲粮。蚯蚓的综合开发利用大有前途。

蚯蚓粪作为鱼、虾饲料,在我国明代的《本草纲目》中就早有记载:"蚯蚓粪又称蚯蚓泥,六一泥,性味寒酸无毒,有泄热、利小便之奇效"。现行的中医方剂大全中有多个处方把蚯蚓粪作为中药使用。用于虾塘、跳鱼塘肥育时,每 667 米^2 施 100～300 千克。用于鱼、虾配合饲料,可按总饲料量的 5%～30%添加蚯蚓粪。

十二、蚯蚓养殖综合效益分析

蚯蚓养殖工艺简便、费用低廉,不与动植物争饲料、争场地,对环境污染不产生二次污染。农业废弃物(畜禽粪便和作物秸秆)是一种资源,利用不当或闲置不用不仅浪费资源,还污染环境;发展蚯蚓养殖为利用农业废弃物,改善生态环境提供了一条有效途径,对于促进农业的可持续发展有现实和深远的意义。

本节以笔者实际工作中的一个实例为蓝本,对蚯蚓养殖综合效益进行分析。该项目利用蚯蚓高产养殖技术、氨基酸螯合肥生产新工艺等,形成以农业废弃物(秸秆和畜禽粪便)为主要原料,开发系列高值化新兴有机农用产品(蚯蚓肥精、叶面肥、药肥等)的生产技术体系,构成了农业有机废弃物转化成高价值的生化产品系列。项目建设的主要内容为:①建立蚯蚓养殖基地。建设一个6 667米² 蚯蚓养殖中心场,带动周边 500 户农民搞蚯蚓养殖(基地+农户)。②利用蚯蚓粪开发出活性有机花肥,用鲜蚯蚓开发出烟草、蔬菜、茶叶、花卉、水稻、玉米、牧草等作物专用叶面肥。③建成生化制剂生产基地:建设 300 米² 面积的系列蚯蚓氨基酸农用制剂生产车间,日产系列蚯蚓氨基酸农用制剂 2.2 吨,蚓粪有机肥 5吨。

(一)成本分析

1. 产品生产成本估算

(1)估算的原则、依据 该项目的年产品总成本按照达到设计的年生产能力的全年费用估算,产品成本主要包括原辅材料,动力、工资及附加费,流动资金利息、企业管理费和折旧费等。鲜蚯蚓收购价格按 6 元/千克计,辅助材料按现行市场平均价计。

(2) **成本估算**　见表 12-1 至表 12-4。

表 12-1　**蚓粪有机肥单位成本计算表**　(按 5 吨/天产量计)

成本项目	费用(元/吨)	备注
废弃物原料	50	
碳氮比调整物	5.75	
发酵剂	6	
电耗	35	包括堆肥用翻堆机和通风
煤耗	7.5	冬季棚舍加温用
工人工资	13.3	三班,每班 10 人,按 20 元/人计
管理人员工资	3	5 人,按 20 元/人计
其他管理费	10	
设备折旧费	10	(150000×10%)÷1500
银行利息	10	(300000×5%)÷1500
包装	20	
广告宣传	20	
合计	180.55	

表 12-2　**蚯蚓肥精单位成本计算表**　(按 0.5 吨/天产量计)

成本项目	费用(元/吨)	备注
鲜蚯蚓	2000	
添加剂	505	
水电费	35	
工人工资	120	3 人,按 20 元/人计

续表 12-2

成本项目	费用(元/吨)	备 注
管理人员工资	40	1人,按20元/人计
其他管理费	100	
设备折旧费	100	(150000×10%)÷150
银行利息	100	(300000×5%)÷150
包装费	200	
销售费用	300	
合计	3500	

表 12-3　蚯蚓氨基酸叶面肥单位成本计算表　(按 1.2 吨/天产量计)

成本项目	费用(元/吨)	备 注
鲜蚯蚓	4000	
添加剂	1421.6	
水电费	35	
工人工资	120	6人,按20元/人计
管理人员工资	40	2人,按20元/人计
其他管理费	150	
设备折旧费	41.7	(150000×10%)÷360
银行利息	41.7	(300000×5%)÷360
包装	200	
销售费用	450	
合计	6500	

表 12-4   蚯蚓氨基酸农药(药肥)单位成本计算表

（按 0.5 吨/天产量计）

成本项目	费用(元/吨)	备　注
鲜蚯蚓	4000	
添加剂	1185	
水电费	35	
工人工资	120	3 人,按 20 元/人计
管理人员工资	40	1 人,按 20 元/人计
其他管理费	180	
设备折旧费	100	(150000×10%)÷150
银行利息	100	(300000×5%)÷150
包装费	200	
销售费用	540	
合计	6500	

按以上估算结果,单位产品成本如下:

蚓粪有机肥 180.55 元/吨,蚯蚓肥精 3 500 元/吨,蚯蚓氨基酸叶面肥 6 500 元/吨,蚯蚓氨基酸农药 6 500 元/吨,全年产品总成本:

180.55 × 1500 ＋ 3500 × 150 ＋ 6500 × 360 ＋ 6500 × 150 ＝ 411.08 万元

（二）收入分析

1. 销售收入估算

按设计生产能力计:蚓粪有机肥 1 500 吨/年,蚯蚓肥精 150 吨/年,蚯蚓氨基酸叶面肥 360 吨/年,氨基酸农药 150 吨/年。产品销售价格按以下售价计:蚓粪有机肥 600 元/吨,蚯蚓肥精 10 000元/吨,蚯蚓氨基酸叶面肥 15 000 元/吨,氨基酸农药 18 000 元/吨。

全年销售收入(产值)＝ $1500 \times 600 + 150 \times 10000 + 360 \times 15000 + 150 \times 18000 = 1050$ 万元

2. 税金与利润估算

依据国家规定的原税种及税率,产品销售税按销售收入的 10％计算,城市建设维护税按产品销售税的 5％计算,教育附加税按产品销售税的 2％计算,企业所得税按税后利润的 33％。

产品销售税:$1050 \times 10\% = 105$ 万元

城市建设维护税:$105 \times 5\% = 5.25$ 万元

教育附加税:$105 \times 2\% = 2.1$ 万元

企业所得税:$(1050 - 411.08 - 112.35) \times 33\% = 173.77$ 万元

缴税总额:$105 + 5.25 + 2.1 + 173.77 = 286.12$ 万元

管理费用(行政管理人员工资及办公费用):10 万元

销售费用:52.9 万元(销售人员工资福利等 17.6 万元,市场开拓费、广告费等 35.3 万元)

财务费用:3.425 万元(利息支出按 68.5 万元利息率 5％)

成本费用及税金:763.52 万元

利润分析:

销售收入＝ 1050 万元

销售利润＝销售收入－销售成本＝ $1050 - 763.52 = 286.48$ 万元

3. 财务盈利及负债分析

全部投资现金流量分析表见表 12-5。

表 12-5　全部投资现金流量分析表

项目名称	合　计	基建年	生产第一年	第2~10年		
				小　计	年平均	
计算产量（吨）	23760		2160		2160	2160
一、现金流入						
1. 销售收入	11638		1058	9522	1058	1058
2. 回收开办费			24.84	99.36	11.04	
3. 回收固资余值	124.2		21.1	189.9	21.1	
4. 回收流动资金	68.5					68.5
流入小计	118307.0		1103.94	9811.26	1090.14	1126.5
二、现金流出	325.2	325.2				
1. 基建投资	68.5	68.5				
2. 流动资金	8433.7	—	766.7	6900.3	766.7	766.7
3. 经营成本	3182.63	—	289.33	2603.97	289.33	289.33
4. 销售税金	12010.03	393.7	1056.03	9504.27	1056.03	1056.03
流出小计		—393.7	334.9	2900.76	322.31	400.60
三、净现金流量	3242.56					
四、累计净现金流量指标计算						
（一）净现值累计	1559.8	—387.5	276.8	1543.7	171.52	126.8
（二）内部收益率						
1. i=83％系数		1	0.546		0.073	0.001
净现值	—1.53	—393.7	182.9		24.3	0.40
2. i=85％系数		1	0.541		0.070	0.001
净现值	7.9	—393.7	181.2		23.4	0.40

$$财务内部收益率 = 83\% + (85\% - 83\%) \times \frac{7.9}{7.9 + 1.53}$$

$$= 84.67\%$$

财务净现值 = 1559.8 万元

$$投资回收率 = \frac{投资回收额}{投资总额 + 投资利息} \times 100\%$$

$$= \frac{286.48}{403.7 \times (1 + 0.05)} \times 100\% = 67.6\%$$

投资回收期 = 1/投资回收率 = 1.48 年 ≈ 18 个月

$$投资利润率 = \frac{年利润}{总投资} \times 100\% = \frac{286.48}{403.7} \times 100\% = 71.0\%$$

$$投资利税率 = \frac{利税总值}{总投资} \times 100\%$$

$$= \frac{286.12 + 286.48}{403.7} \times 100\% = 141.8\%$$

(三)效益分析

1. 盈亏平衡分析

$$产品临界产量 = \frac{总固定成本}{单价 - 单位税金 - 单位变动成本}$$

$$蚯蚓粪有机肥临界产量 = \frac{53325}{600 - 181.43 - 145} = 194.92 \text{ 吨}$$

$$蚯蚓肥精临界产量 = \frac{86850}{10000 - 2861.7 - 2921} = 20.59 \text{ 吨}$$

$$氨基酸叶面肥临界产量 = \frac{252000}{15000 - 3901 - 5800} = 47.56 \text{ 吨}$$

$$氨基酸农药的临界产量 = \frac{130500}{18000 - 5114 - 5630} = 17.99 \text{ 吨}$$

盈亏平衡点销售数量为蚓粪有机肥 194.92 吨、蚯蚓肥精 20.59 吨、氨基酸叶面肥 47.56 吨、氨基酸农药 17.99 吨。

即生产销售 40 天的产量（按 300 天工作日计算）将使企业处于盈亏平衡点。

2. 敏感性分析

在正常情况下，总投资 403.7 万元，实现年产蚓粪有机肥 1 500 吨、蚯蚓肥精 150 吨、蚯蚓氨基酸叶面肥 360 吨、氨基酸农药 150 吨，分析按每吨 600 元、1 万元、1.5 万元、1.8 万元的销售价计，可实现总产值 1 050 万元，利税总额 572.6 万元，上缴国家税收 286.12 万元，企业净利润 286.48 万元。如果可变成本上升 10%，产量售价不变，总产值 1050 万元，利税总额为 557 万元，降低 2.6%，上缴税收 281.15 万元，降低 1.6%；企业净利润 276.3 万元，降低 3.6%。

从上述分析可以看出，本项目可抗御市场变化的能力较强，企业盈亏平衡点较低，投资利润率及投资利税率较高，投资回收期短，是一项理想的投资项目。

3. 生态效益分析

该项目的实施将一改过去养殖场及周边环境粪便成堆、污水横流、恶臭熏天的旧面貌，粪便集中起来为蚯蚓提供饲料，活蚓用于生产蚯蚓制品，再反过来用于农业生产中，促进农牧业的发展。这一系列技术使有机废弃物作为一种资源被高价值的合理循环利用。养殖业通过此项技术体系的开发，从整体上走合理的生态农业模式，将为畜牧业规模化生产解决粪便的污染问题开拓了一条途径。

4. 社会效益分析

该项目将带动周边 500 户合作养殖农户致富，每户每年可增收 1.44 万元，合计增收 720 万元。

该项目生产的产品推广应用也将产生巨大的经济效益：

①花卉有机肥 1 500 吨,每 667 米² 用量 300 千克,应用面积 33.5 公顷,平均 667 米² 产值 10 000 元,增收 10%,总增收 500 万元。②蚯蚓肥精 150 吨,每千克经济效益 35 元,总增收 525 万元。③叶面肥 360 吨,每 667 米² 用量 1 千克,应用面积 2.4 万公顷,平均 667 米² 产值 3 400 元,增收 10%,总增收 5 100 万元。④氨基酸农药 150 吨,每 667 米² 用量 1.8 千克,应用面积 0.53 万公顷,平均 667 米² 产值 3 400 元,增收 10%,总增收 2 700 万元。以上合计 8 825 万元。

十三、蚯蚓生物反应器技术与生物有机肥工程

(一)蚯蚓生物反应器技术

目前,随着人们生活水平的提高和生产建设事业的发展,我国有机固体废弃物排放量以年均 8%～10% 的速度逐年增多,其中仅农业废弃物(畜禽粪便、秸秆)的年排放量就达到 25 亿吨,城市污泥和生活垃圾的年排放量达到 1.5 亿吨(见图 13-1)。这些有机固体废弃物包含有大量的有毒有害物质,是蚊蝇的集散地,也是细菌、病毒等各种有害微生物聚集的场所,给农村和城市环境造成严重威胁,对生态造成了极大的危害;同时这些有机固体废弃物中蕴含着大量的有机质、植物养分、能源物质等资源,因此有人说:"废弃物是放错位置的资源"。如何使这些有机废弃物不再变成污染源,不再作为废物被抛弃,成为各国政府和科学家们面对的一个棘手问题。

目前,对有机废弃物有的采用一定的技术手段进行处理,有的未经严格处理随意丢弃。处理方法大致有直接农用、堆肥、填埋、厌氧发酵和焚烧等方法,以堆肥、填埋、厌氧发酵和焚烧等应用较多。各种处理方法都有其自身的弊端和弱点,农业有机废弃物直接农用还田是我国的传统,由于目前农村劳动力的减少和化肥的大量使用,农家肥的生产缺乏合理的处理,缺少科技含量,导致大量农业废弃物资源浪费和产生新的污染;采用堆肥的方法费工、耗时,产品质量不稳定,商品价值低,销售困难,或者说"在技术上成功的,在销售上是失败的";填埋是城市生活垃圾处理的最常用

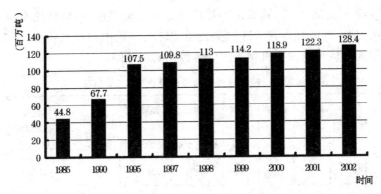

图 13-1 我国城市生活垃圾的年清运量

方法,在我国占垃圾处理量的 80% 以上,不仅没能合理地利用资源,而且还占用大量的土地,而且容易产生渗滤液、甲烷气等二次污染;利用有机废弃物产生沼气是一项好技术,但前期的投入、操作技术和潜在隐患,技术推广和可操作性的难度大;焚烧处理有机固体废弃物同样存在技术难度大和二次污染问题,不适合我国的国情。运用生态工程的原理,以蚯蚓为接口来有效地处理有机废弃物,利用其中丰富的养分资源,促进生态系统物质的良性循环,成为一个新的亮点。

1. 反应器的设计

蚯蚓处理有机废弃物涉及重建一个物质再循环过程,由于蚯蚓体内具有丰富的酶系统,肠道中具有多样的微生物区系,被蚯蚓吞食的物质经过 2～3 小时体内酶和微生物的作用,即产生含有丰富有益微生物和酶类的小而均匀的颗粒状蚯蚓粪,同时能将部分无机态氮、磷、钾及矿物微量元素等转化为易被植物所吸收利用的有效态营养元素(表 13-1)。

(1)设 计 原 理 蚯蚓生物反应器的设计是基于蚯蚓在自然界转化分解动植物碎屑等有机废弃物,改良土壤以及蚯蚓的自然生物学、生态学特性,针对采用常规的方法不能高值、高效转化有机废弃物,而蚯蚓以其特殊的生物学功能与环境中的微生物协同作用加速废弃物中有机物质的分解转化而设计的。

表 13-1　蚓粪与原土养分含量比较　(黄福珍)

测定物		腐殖质 (%)	全氮 (%)	全磷 (%)	水解氮 (毫克/千克)	速效磷 (毫克/千克)	速效钾 (毫克/千克)	代换量 (毫克当量 /100 克)
农田	原土	1.40	0.076	0.165	33.0	25.8	61.0	13.2
	蚓粪	1.91	0.105	0.177	61.5	31.0	80.4	16.6
菜园	原土	1.57	0.081	0.240	42.8	31.5	124.0	7.5
	蚓粪	2.32	0.144	0.248	74.7	46.3	148.0	15.3
林地	原土	1.34	0.056	—	40.1	29.9	318.0	12.0
	蚓粪	3.43	0.184	—	82.3	50.2	431.3	17.1

　　中国农业大学资环学院孙振钧教授是中国研究蚯蚓的专家,他所领导的蚯蚓生物生态实验室的教师和研究生小组,20 多年来在国内外蚯蚓研究领域取得了多项科研成果,利用蚯蚓高效转化处理农业有机废弃物是其近年来的突出成果。该项目在环境保护上凸现出了巨大的潜力。

　　(2)反应器的结构　蚯蚓生物反应器最早是由世界著名蚯蚓专家爱德华滋(C. Edwards)于 20 世纪 80 年代设计完成。最初在英国用于处理植物生产(土豆加工)废弃物和动物粪便。该设备仅仅是一个蚯蚓生存环境的简单外套,是为蚯蚓提供一种良好外部环境的设想与尝试,但其为后来蚯蚓生物反应器的问世奠定了基础。20 世纪 90 年代,英美科学家在原设计的基础上,对该反应器进行了机械化的装备,使之全过程运行自动化,有了更高的处理效率。1998 年,孙振钧教授受美国农业部资助和爱德华滋教授的邀请,赴美国进行蚯蚓生物反应器的合作研究。孙教授依据我国蚯蚓高产养殖技术的成果与经验,结合中国的国情,对反应器进行了进一步改进,使之除具有国外产品自动化的功能外,成本更低,更符合我国及发展中国家推广应用。2002 年该产品获得国家专利(专利号:ZL02208871.7)。

蚯蚓生物反应器主要由 3 部分组成:反应器主体、加料部分和出料加工部分。针对城市生活垃圾中的有机部分、农业有机废弃物的无害化、减量化、资源化为目的生物处理技术,蚯蚓在反应器中是一种活的"加工机",该技术采用中央调控器的方式,自动监控蚯蚓生存小环境(温度、湿度、pH 值、通气性能等),根据废弃物的产生量和蚯蚓繁殖速度、种群结构及分解不同有机废弃物的能力,自动布料、出料、收集、包装,合理地将人工工作、机械活动、蚯蚓生物学的特性结合在一起,全程自动化。

反应器的结构为:布料机位于反应器主体上部能调整加料量和湿度,并均匀分布于反应器料床上面;反应器主体是处理有机废弃物的核心,由多个单元组成,可根据处理废弃物的多少横向拆装组合,主体纵向分成 2 个层次,上部为处理主体,下部为收集装置;出料装置由筛网和刮料器组成,筛网主要起将蚯蚓粪生物有机肥分离的目的,兼有支撑蚯蚓生物反应器料床的作用,筛网上面的刮料器兼具破碎与分离的作用,刮料器在筛网上往返运动,使网上的蚓粪掉落到网下再被收集器收集。收集器根据条件的不同,配备不同的收集装置,收集器与刮料器同步运行,蚯蚓粪同步收集,经过分离筛后进行进一步的加工。

2. 反应器的管理

采用蚯蚓生物反应器处理有机废弃物技术,根据处理量的不同分为 3 种类型:一是小型蚯蚓生物反应器,以处理家庭和庭院废弃物为主,即属于源头控制型的,废弃物量少,危害小,分散;二是中型生物反应器,以处理社区、宾馆、学校等的垃圾或小型养殖场的废弃物为主,废弃物量集中,成分复杂,危害较多;三是大型生物反应器用于处理垃圾厂或大型养殖场的废弃物。虽然反应器的类型不同,但处理有机废弃物的主要机制是一样的,都是依靠蚯蚓和微生物的互相作用达到废弃物资源化的目的,技术的关键点就是为蚯蚓调控优化环境条件,保持其在高密度条件下的持续活力。蚯蚓生物反应器的关键技术主要包括蚯蚓品种的选择、蚯蚓生活环境的调控和反应器管理技术。

(1)蚯蚓品种的选择 目前已知地球上有蚯蚓 3 000 多种,我国分布有 300 多种,但适合人工养殖较有经济价值的蚯蚓品种不多,能用于规模化处理有机废弃物的蚯蚓品种就更少。用来处理大量有机废弃物的蚯蚓需具有以下的特点:种群呈集中分布又便于管理、能高密度的生长并保持旺盛的活力;有高的繁殖率且选育驯化诱导容易。选择合适的品种,保持其在高密度下的持续工作是技术关键点和难点。下面将常用于处理有机废弃物的品种做以简单介绍。

①大平 2 号 最常选择的蚯蚓是赤子爱胜蚓,大平 2 号是其商品名。它属于正蚓科、爱胜蚓属,20 世纪 70 年代末我国从日本引进。大平 2 号蚯蚓是人工养殖的优良品种,体长 35～130 毫米,体宽 3～5 毫米,成蚓体重 0.45～1.12 克,身体呈圆柱形。体色多样,一般为紫色、红色、暗淡色或淡红褐色。在适宜的条件下,每 3～45 天产生卵茧 1 个,可孵化幼蚓 2～6 条,经过 60～70 天,达到性成熟,饲养密度为最高可达每平方米 3 万～5 万条。外观有明显条纹,尾部两侧米黄色,愈老愈深,体扁而尾略呈鹰嘴钩状,喜在厩肥、烂草堆、污泥、垃圾场生活,具有趋肥性强、繁殖率高、定居性好、肉质肥厚及营养价值高等优点。

②美国红蚯蚓 美国红蚯蚓也属于正蚓科、爱胜蚓属,体长

25～85 毫米,宽 3～5 毫米,体节 12～150 个。口前叶为上叶的,背孔自 4/5 节间始。环带位于 XXV、XXVI～XXXII 节,稍微腹向张开。性隆脊通常位于 XXIX～XXXI 节。刚毛密生对。前端 dd＝1/2c,后端 dd＝1/3c。雄孔在 XV 节,有隆起的腺乳突,与雄生殖隆起一起延伸至 XIV 和 XVI 节。贮精囊 4 对,在 IX～XII 节。受精囊 2 对,有短管,开口在 9/10 和 10/11 节间背中线附近,或侧中线与 d 毛之间。除环带区外,身体圆柱形,两端延长,一端略短而尖。无色素,活体呈玫瑰红色或淡灰色,保存时白色,俗称红蚯蚓,属于粪蚯蚓。喜欢吞食各种畜禽粪便,适于各种养殖场(户)用来消除畜禽粪便对环境的污染,产出的蚯蚓又可作为各种畜禽的蛋白质饲料。个体较小,一般体长 90～150 毫米,直径 3～5 毫米,成熟时平均每条体重 0.5 克,每个卵包内有 3～4 条小蚯蚓,少则 2 条,多则 6 条,繁殖量大、产量高,适合人工养殖。分布新疆、黑龙江、北京、吉林。

③其他 我国各地根据蚯蚓的特点和经验积累,自主培养和改良的爱胜蚓蚯蚓,其商品名有:北星 2 号、进农 6 号、太湖红蚓、北京条纹蚓、川蚓一号等。

大平 2 号在我国的养殖,在最初引进由于技术不成熟和市场运作不规范,导致大量养殖户受到了伤害,同时出现品种严重退化,不能很好地适应目前处理垃圾的需要。孙振钧教授从美国购进红蚯蚓,和我国养殖的大平 2 号进行杂交选育,并提纯复壮。为达到处理不同废弃物的目的,通过为蚯蚓提供不同的饲料诱导,选育出能适应不同要求的蚯蚓。由于垃圾的成分比较复杂,因此采用逐渐诱导的方法,在蚯蚓最适宜的饲料中,从添加 10% 的有机垃圾量逐步提高比例,直到有机垃圾的比例占 80% 以上。实验证明,蚯蚓处理垃圾的效率不比处理牛粪等农业的废弃物差(表 13-2)。

表 13-2　废弃物经蚯蚓处理后主要生化指标变化

废弃物类型	生物学指标		化学指标					物理指标	
	微生物	大肠菌群数值	速效氮（%）	速效磷（%）	速效钾（%）	微量元素（毫克/千克）	有机质	含水量（%）	pH 值
生活垃圾	6.2×10^8	25	1.10	0.18	0.85	183	32	72	6.9
牛　粪	5.6×10^8	12	1.35	0.35	0.65	176	17	70	7.2
猪　粪	5.4×10^8	38	2.01	0.47	1.21	265	19	65	7.4
禽　粪	6.4×10^8	54	2.40	0.29	0.94	243	18	56	7.9
污　泥	6.7×10^8	68	1.73	0.16	0.86	549	26	85	6.8

（2）预处理的控制　蚯蚓是腐食性的动物，由于新鲜的有机废弃物来源广泛，成分复杂，而且可能存在对蚯蚓生长不利的因素，蚯蚓为适应这种变化会消耗太多的能量，必将影响其处理效率。因此有机废弃物必须经过一定的分选、成分调整，以及处理杀死有机废弃物中的大量病原菌和其他有害的微生物，并达到一定的腐熟度才能适应蚯蚓的处理。预处理的常用方法是堆肥，堆肥最常见的方法有静态暴气、堆肥反应器和条形堆制 3 种。预处理有机废弃物必须经过一次高温发酵阶段，其有机质的含量要达到一定的要求，碳氮比应在 20～30 之间，pH 值在 6～8 之间，而且投喂蚯蚓前不存在厌氧的气体和温度低于 30℃。

（3）反应器的环境调控　反应器的设计完成只是为蚯蚓处理有机废弃物提供了一个场所，该技术的真正核心是反应器的环境条件控制和生物群落的调节，从而保证蚯蚓最大的活力和积极性。

蚯蚓是非常敏感的穴居生物，其新陈代谢和生理功能会随着环境的变化而有不同的表现。要使蚯蚓在反应器中处于最佳的工作状态,实际上就是为蚯蚓提供最佳的环境因子,保证蚯蚓旺盛的活力和吞食转化有机废弃物。蚯蚓生物反应器的最佳环境因子(表13-3),即蚯蚓在处理有机废弃物过程中种群及其生物群落的变化过程。这些生态因子是相互作用、相互影响的,综合地对蚯蚓生物反应器和处理有机废弃物产生作用。

表 13-3　蚯蚓生物反应器最佳环境因子

环境因子	pH值	温 度 (℃)	湿 度 (%)	碳氮比	氨 (毫克/克)	盐 分 (%)	蚯蚓密度 (千克/米²)	加料厚度 (厘米)
范 围	5~9	15~30	60~70	20~30	低于 0.5	低于 0.5	低于 40	4~6
最佳条件	6.5	25	65	23	—	—	25	4

(4)反应器的运行调控　反应器的工作流程是将堆肥化处理的适合蚯蚓食用的有机废弃物,通过布料机,均匀布置在反应器的主体的表面,控制反应器的环境条件,有机废弃物经过蚯蚓的转化处理,变成蚯蚓粪,反应器装满后,通过刮料器和收集器取出蚯蚓粪,同时每天添加新料,使反应器中的物料量保持动态平衡,从而进行连续生产(图13-2)。蚯蚓粪依据其功能特性可加工成不同的功能肥料。

3. 反应器的应用范围

一个标准反应器的主体规格是 20.0米×2.5米×1.0米。日处理有机废弃物 6吨,同时生产生物肥料 4~5 吨,年产蚯蚓有机肥 1 800 吨。针对不同的废弃物来源,可利用不同蚯蚓生物反应器,主要的有大、中、小 3 种类型,分别针对社区和集约化养殖场、学校和宾馆以及家庭使用(表13-4)。处理废弃物的规格可根据废弃物的来源、环境条件甚至艺术要求自行设计。

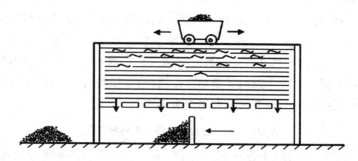

图 13-2　蚯蚓生物反应器处理有机废弃物的流程图

表 13-4　几种蚯蚓处理废弃物方式的比较

反应器类型	处理效率	自动化程度	技术关键点	适用范围
大田养殖处理	低	无	管理难度大,需要投入大量的人工	农村地区
大型反应器	高	高	反应器的生物群落控制和环境调控	垃圾处理站和集约化养殖场
中型反应器	高	有	预处理	社区、学校、饭店等
小型反应器	低	无	卫生管理	家庭

4. 高效资源化有机废弃物系统

为实现高效处理有机废弃物的目的,将快腐高温堆肥和蚯蚓高效处理废弃物技术整合,形成三段生物处理与转化技术,利用堆肥的高温快腐阶段,达到废弃物的无害化和减量化。该技术高温堆肥的最高温度可达 80℃,温度在 50℃ 以上维持近 10 天,足以杀死有机废弃物中的大量病原菌和其他有害的微生物;同时经过 6 天的中温微生物熟化阶段,使堆肥达到一定的腐熟;温度回落后,将预处理的废弃物加入到反应器中,利用蚯蚓进行进一步的深度处理和资源化、高值化(图 13-3)。

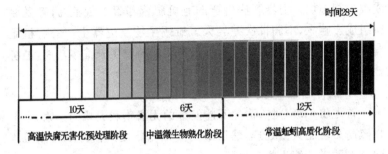

图 13-3　有机废弃物三段生物处理与转化流程图

(二)蚯蚓生物反应器处理垃圾与
生产生物有机肥工程设计

在绝大部分中小城镇还仍采用混合垃圾收集清运的方法。垃圾的农用分直接施用、制成堆肥和多功能生物有机肥等形式。

生活垃圾是各种病原微生物的孳生地和繁殖场,如果长期不处理,不仅会侵占大量土地,而且对土壤及人类生存环境造成各种污染。施用未经处理的垃圾,土壤渣砾化作用明显,从而使土壤保水能力下降,土壤阳离子代换量减少 13%～22%,氮素和钾素流失严重;长期施用垃圾将导致农田中重金属含量积累。日益增多的有机合成材料和塑料制品,大部分未回收利用随垃圾进入农业环境,破碎的塑料薄膜残体被埋入土中,阻碍了土壤水分输送和植物根系的伸长,不利于作物生长发育。由于城市垃圾大多未经任何无害化处理直接施用于农田,就会将大量的细菌类病原菌、病毒和寄生虫卵带入土壤,成为各种疾病的传播源。因此,生活垃圾直接农用受到限制。

垃圾虽然成分复杂,粗细不等,但含有大量可利用的有机物和氮、磷、钾及微量元素。所以经过分拣,经发酵处理后可制成堆肥或改土剂施用。但堆肥法生产的有机肥营养素含量不高,且受原料组成影响大,不同批次差异大。蚯蚓生物反应器生产的有机肥营养素含量明显增高,并具有抗病和刺激植物生长等多功能,经济效益显著。

1. 设计思想

首先将垃圾分拣,清除不能发酵的无机物和大块的杂物,余下物经高温堆肥灭菌处理,然后应用蚯蚓生物反应器进一步制成不同类型的多功能生物有机肥。

2. 工艺流程

为了尽快将城市垃圾转化为肥料,建议采用以下工艺流程:

(1) 堆肥预处理工艺流程　见图 13-4。

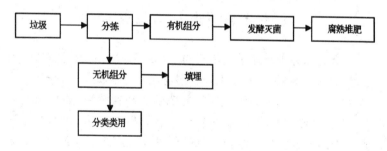

图 13-4　堆肥预处理工艺流程

(2) 蚯蚓粪肥生产工艺流程　见图 13-5。

(3) 复合肥生产工艺流程　见图 13-6。

3. 生产方案

(1) 生产规模　拟建肥料厂规模为年产 1 万吨,按 1 年生产 300 天计算,日生产量为 45 吨,需用 15 台反应器。每台反应器日处理 6 吨有机垃圾,日产 3 吨有机肥,大约需 10 吨垃圾原料,即日处理 150 吨,年处理 4.5 万吨。

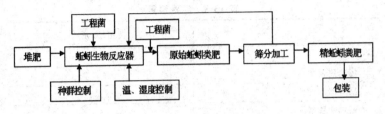

图 13-5　蚯蚓粪肥工艺流程

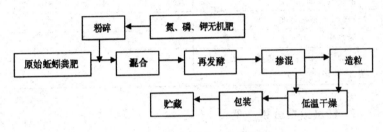

图 13-6　复合肥生产工艺流程

(2)堆肥场地　采用水泥地面或压实地面堆肥,需 2 500 米²堆肥场。采用人工翻堆方法或机械翻堆方法进行堆肥管理。

(3)厂房和仓储　厂房面积 800 米²,仓库面积 300 米²。

(三)经济效益分析

在生产过程中,在垃圾场对堆肥配方进行优化试验,对多功能蚯蚓有机肥进行生物试验。根据场地和肥料规模,确定反应器数量与规格、建厂和生产。

1. 经费预算　见表 13-5。

表 13-5　经费预算

项　目	费用(万元)
试验费	5
场地建设费	50
反应器购置费(15 台)	225
蚯蚓购置费	5
车间和库房建设费	10
供电装置 260 千瓦	10
锅炉 1~2 吨/小时	10
深水井	5
流动资金(煤、工程菌液、人工费、包装、广告等)	100

2. 经济效益分析　见表 13-6。

表 13-6　成本计算　(按 45 吨/天产量计)

项　目	价格(元/吨)	备　注
垃圾原料	15	
碳氮比调整物	5	
发酵剂	5	
电　耗	35	包括堆肥用翻堆机和通风
煤　耗	7.5	只冬季棚舍加温用
工人工资	13.3	3 班,每班 10 人,按 20 元/人计
管理人员工资	3	5 人,按 20 元/人计
其他管理费	10	
设备折旧费	26.0	260 万元×10%（年）
银行利息	20.75	415 万元×5%
包装费	20	
广告宣传费	20	
合　计	180.55	

多功能蚯蚓粪肥按每吨销售价 600 元保守估计（若制成小包装花肥,每吨市价在 1 800 元以上）,扣除成本 180.55 元,可获利 419.45 元/吨,年产 1 万吨,可获利 419 万元,1 年半可收回成本。

3. 大型蚯蚓反应器规模产业化分析

每台标准大型蚯蚓反应器日处理有机废弃物 6 吨,同时生产生物肥料 4～5 吨/天。每台生物反应器年产蚯蚓有机肥 1 800 吨,按每吨售价 1 000 元计,年产值为 180 万元。而每个生物反应器造价为人民币 10 万～15 万元,加上包括厂房、流动资金等投入 15 万～20 万元,总投入 30 万～40 万元。其经济效益十分可观。在美国,蚯蚓生物肥料的售价比一般化肥高 2～3 倍。作为一种新型肥料,在我国的市场潜力很大,发展前景广阔。

4. 小型蚯蚓反应器规模产业化分析

小单元、大规模模式:简单概况为一句话:"1 户拿出 1 分地,1 个劳力,用 1 千块钱,建 1 个小型反应器,1 年可收入 1 万块钱（按目前价格）"。据初步计算,每年养 100 万条蚯蚓（50～60 米^2）,可处理粪便等有机废弃物 40 吨,生产蚯蚓原液 1 吨、蚯蚓粪 20 吨。按企业收购价格,每千克蚯蚓液原液按 7.5 元计,可收入 7 500 元;每吨蚯蚓粪按 150 元计,可收入 3 000 元,合计 10 500 元。

大规模、产业化模式:企业自己建立大型处理场,或采用"企业+农户"方式,以实现年产花卉专用有机肥 1 500 吨算,多功能蚯蚓粪肥按每吨销售价 600 元保守估计（若制成小包装花肥,每吨市价在 1 800 元以上）,扣除成本 180.55 元,可获利 419.45 元/吨,年可获利 63.9 万元。

十四、蚯蚓产业与可持续发展

(一)利用蚯蚓处理有机废弃物技术展望

农业废弃物(畜禽粪便和作物秸秆)及生活垃圾的资源化利用对改善生态环境,促进农业的可持续发展具有现实和深远的意义。目前国内处理方法多以堆肥等方法为主,其占地大,用工多,而且不能有效地利用生物有机能源和营养物质生产高质量的有机肥,容易产生二次污染。利用蚯蚓处理有机废弃物,既可生产优良的动物蛋白,又可生产肥沃的复合有机肥,而且工艺简便、费用低廉,不与畜牧业、种植业争食、争场地,能获得优质有机肥料和高级蛋白质饲料,对环境不产生二次污染。

近20年来,世界各国对蚯蚓研究和利用开展更广泛,集生物工程学、营养学、土壤学、化学、生态学等多学科知识交叉,对蚯蚓系列产品作了不同程度的研究开发。例如,养殖蚯蚓时在饲料剂中添加特殊物质,如营养元素和生物制剂,既提高有机废物的处理效率(提高蚯蚓、蚓粪产量),又可提高蚯蚓的利用价值,提高经济效益,而且得到产品为安全、无毒、无公害、无污染产品,可用于动植物有机产品生产。随着有机食品在市场上越来越受青睐,蚯蚓系列农用生化产品的研究开发,无疑有着潜在的巨大价值,也必将极大促进我国生态农业的发展。

(二)小蚯蚓可以做成大产业

利用人工养殖蚯蚓,规模化处理日益增多的各种有机废弃物,生产蚯蚓及蚯蚓产品,在国外已经形成一个很大的产业(国外的行业分类上称为 Vermiculture)。例如,美国现在有蚯蚓养殖场及从事蚯蚓产品的贸易公司 9 万多家。1996 年,仅加利福尼亚州圣何塞市一个名叫杰克·钱伯的蚯蚓养殖场,一年就出售了 4 000 千克蚯蚓,用于垃圾的处理,其售价为每千克 10 美元。由于蚯蚓每吃掉 1 吨垃圾可得到 600 千克的生物腐殖土(蚓粪)。用蚓粪为肥料生产出来的作物制成食品,可确保无化肥带来的污染,因此蚯蚓养殖业日益受到欢迎。美国 1998 年的蚯蚓及蚯蚓产品的贸易额达 680 亿美元。日本、巴西、法国、印度等国的蚯蚓行业也发展迅速。据不完全统计,我国现有大小蚯蚓场超过 500 家。可以说:"小蚯蚓正在发展成为一个大产业"。

(三)抓住新一轮蚯蚓高科技产品产业化机遇

我国的蚯蚓人工养殖开始于 20 世纪 80 年代初,当时主要是炒作从日本引进的大平 2 号蚯蚓种,除了简单地用作畜禽饲料外,在蚯蚓的深层开发利用上没有好办法,导致大量的蚯蚓卖不出去,极大地挫伤了养殖户的积极性。90 年代以来,随着蚯蚓高科技产品的研发与产业化,尤其是蚓激酶的发现和蚓激酶医药产品在治疗脑血管病上的广泛应用,蚯蚓养殖再次兴起。近几年,随着国外对蚯蚓的营养、药用和其他特殊功能的深入研究,一批高科技的蚯蚓产品相继问世,中国农业大学研制的蚯蚓系列农用生化产品是蚯蚓生物产品的新秀。蚯蚓系列产品产业化促进了蚯蚓养殖业的迅速发展。各地应抓住新一轮蚯蚓高科技产品产业化发展的机遇,带动一批高水平生物技术企业上档次、上规模,形成新型产业开发中的新龙头,并辐射带动一方农民脱贫致富。2003 年,在北京召开的首届亚太地区蚯蚓学术会议上,邀请了国外和地区的专家 18 位,国内专家 48 位,国内蚯蚓行业的企业家和企业人员 54

位。各位专家在会上各抒己见,重温我国研究蚯蚓的悠久深厚文化和传统中医药的基础积淀。与会人员互相借见蚯蚓研究方面的经验,尤其是如何将现代生物技术和生态技术应用到蚯蚓开发研究中,成为了大会的亮点。发掘蚯蚓的潜在价值,通过对蚯蚓应用技术的研究探讨,丰富蚯蚓在环境保护和生态重建中的作用。大会集思广益,成立了由科研院所和企业联合的中国蚯蚓产业协作网,为我国蚯蚓培育龙头企业整合了资源,提供良好的开端。

(四)以"蚯蚓生态链"为核心,创立生态农业新模式

　　蚯蚓养殖在生态农业、环境保护和促进自然物质良性循环与人工生态产业有机结合等方面具有独特作用。尤其南方的气候特点为蚯蚓的高产养殖提供了优越的自然条件。应用中国农业大学蚯蚓酶解系列农用生化产品技术,开发蚯蚓氨基酸营养液、叶面肥和生物药肥,可为绿色食品生产打下基础,形成高效的"农业废弃物—蚯蚓—蚯蚓生物制剂—动(植)物生产"生态链,并延伸为产业化链。利用蚯蚓在生态农业中的这种接口与增效作用创立的生态农业新模式,达到了变废为宝,保护了生态环境的目的,使农牧生产过程中的废弃物或生活垃圾转变成有用的农业生产资料,生产出的蚯蚓有机肥和有机生物药肥恰好解决了绿色食品生产中对高效有机肥和高效生物药肥的需求,以"企业＋农户"的形式带动当地农民致富,促进绿色食品产业的发展。